知识管理与智能服务研究前沿丛书

科学2.0时代
科研人员学术交流行为研究

Academic Exchange Behavior of Researchers
in Science 2.0

李晶 著

武汉大学出版社

图书在版编目(CIP)数据

科学 2.0 时代科研人员学术交流行为研究/李晶著.—武汉：武汉大学出版社,2021.11

知识管理与智能服务研究前沿丛书

ISBN 978-7-307-22710-1

Ⅰ.科… Ⅱ.李… Ⅲ.科研人员—学术交流—行为—研究 Ⅳ.G321.5

中国版本图书馆 CIP 数据核字(2021)第 228539 号

责任编辑：詹　蜜　　　责任校对：汪欣怡　　　版式设计：马　佳

出版发行：武汉大学出版社　（430072　武昌　珞珈山）
（电子邮箱：cbs22@whu.edu.cn　网址：www.wdp.com.cn）

印刷：武汉市金港彩印有限公司

开本：720×1000　1/16　　印张：13.75　　字数：204 千字　　插页：2

版次：2021 年 11 月第 1 版　　2021 年 11 月第 1 次印刷

ISBN 978-7-307-22710-1　　定价：48.00 元

版权所有，不得翻印；凡购我社的图书，如有质量问题，请与当地图书销售部门联系调换。

前　言

　　进入 21 世纪以来，基于 Web2.0 的社交媒体技术开始应用于学术交流领域，缓缓拉开了科学 2.0 时代的序幕。社交媒体及其应用开创了一个更加充满希望的时代：研究人员之间的交流效率将大大提升，新知识的创新与传播将更快更有效，整个科学研究将被带到一个更加开放的空间。围绕知识生产和获取的学术交流行为以及围绕科研合作关系构建的学术交流行为在科学 2.0 时代都被改变，出现了新的学术交流工具和新的学术交流模式，新出现的技术工具如何辅助学术交流、科研人员的学术交流行为如何与技术相适应以及新技术如何改造正式学术交流系统等一系列问题值得进行系统的研究。本书围绕上述议题，设计了 11 章研究内容，分别对学术交流行为概念、学术交流行为过程与模式、用户的学术信息需求、学术交流平台及特征、科研用户对学术交流平台的使用现状调查、未来学术交流行为的演进与优化等问题进行了阐述，尝试通过系统研究的视角，将学术交流的主体与客体特征相结合，同时结合技术的变革和推动影响，全面展现由技术驱动的科研用户学术交流行为的协同演进过程。

　　本书由李晶执笔和定稿，武汉工程大学管理学院的明均仁副教授以及研究生薛晨琦、本科生傅庆玮参与了其中的部分工作，对以上合作者致以深切的谢意。

　　本书是集作者多年理论与实践相结合的一部著作，书中难免存

前 言

在不尽完善之处；同时，在引用国内外研究成果基础上的深层探讨，也可能存在一些疏漏。对此，恳请读者和专家指正。

李 晶

2021 年于中山大学

目 录

第1章 绪论 ································· 1

第2章 从科学交流到学术交流：内涵与形式的演变 ·········· 7
  2.1 科学交流的相关概念 ····························· 7
  2.2 科学交流系统模型 ······························· 9
    2.2.1 Garvey-Griffith 模型 ······················ 9
    2.2.2 Hurd 科学交流模型 ························ 11
    2.2.3 通用科学交流模型 ························· 12
    2.2.4 科学交流的科研生命周期模型 ················· 14

第3章 学术交流行为：过程与模式 ···················· 19
  3.1 信息行为与学术交流行为 ························· 19
  3.2 围绕知识生产和获取的学术交流行为过程与
      行为模式 ····································· 22
    3.2.1 科研用户知识生产和获取行为的一般过程 ········· 22
    3.2.2 互联网技术支持的知识生产和获取行为
         过程及影响因素 ···························· 25
    3.2.3 科研用户知识生产和获取行为模式的转变 ········· 30
  3.3 围绕科研合作关系构建的学术交流行为过程与
      行为模式 ····································· 38
    3.3.1 社交媒体对科研合作的影响 ··················· 38

目 录

  3.3.2 互联网技术支持的科研合作行为过程及
     影响因素 ··· 40
  3.3.3 基于科研众包的科研合作行为模式 ············· 46

第4章 科学2.0时代用户的学术信息需求 ··············· 54
 4.1 理论基础 ··· 54
 4.2 扎根理论 ··· 55
 4.3 研究流程 ··· 56
  4.3.1 样本获取 ·· 56
  4.3.2 扎根分析 ·· 59
 4.4 理论模型构建 ·· 67
  4.4.1 内容需求 ·· 68
  4.4.2 系统需求 ·· 69
  4.4.3 服务需求 ·· 70
  4.4.4 社交需求 ·· 70
  4.4.5 情感需求 ·· 71

第5章 科学2.0时代的学术交流平台 ······················ 72
 5.1 学术社交媒体平台 ······································· 73
 5.2 国内外代表性的学术社交媒体平台 ·················· 76
 5.3 社交媒体辅助学术交流的功能及特色分析 ········· 79
  5.3.1 辅助知识生产的功能及特色 ······················ 80
  5.3.2 辅助知识传播的功能及特色 ······················ 88
  5.3.3 辅助知识搜寻的功能及特色 ······················ 91
  5.3.4 辅助知识评价的功能及特色 ······················ 94
  5.3.5 辅助科研合作关系构建的功能及特色 ·········· 95
 5.4 学术社交媒体平台发展趋势 ·························· 99

第6章 学术社交媒体用户采纳的影响因素及实证研究 ········ 102
 6.1 理论基础 ·· 102
  6.1.1 信息系统成功模型 ································· 102

6.1.2 刺激-机体-反应模型 ······ 104
6.1.3 沉浸理论 ······ 104
6.2 研究假设与理论模型 ······ 105
6.3 实证研究 ······ 109
6.3.1 调查问卷设计与量表开发 ······ 109
6.3.2 数据收集 ······ 111
6.3.3 样本特征分析 ······ 112
6.4 数据分析与结果 ······ 113
6.4.1 信度与效度检验 ······ 113
6.4.2 共同方法偏差检验 ······ 115
6.4.3 结构模型检验 ······ 116
6.5 理论意义及启示 ······ 118
6.5.1 理论贡献 ······ 118
6.5.2 实践启示 ······ 120

第7章 移动图书馆用户满意度研究 ······ 122
7.1 理论基础与研究假设 ······ 125
7.1.1 理论基础 ······ 125
7.1.2 研究假设 ······ 127
7.2 研究设计及数据收集 ······ 131
7.2.1 测量工具 ······ 131
7.2.2 样本收集过程 ······ 132
7.2.3 样本特征分析 ······ 133
7.3 数据分析 ······ 134
7.3.1 信度、效度检验 ······ 134
7.3.2 结构方程模型验证 ······ 136
7.3.3 路径关系强度测量 ······ 138
7.4 结论与启示 ······ 140
7.4.1 理论意义 ······ 140
7.4.2 实践意义 ······ 142

目 录

第 8 章　ResearchGate 平台用户学术交流行为研究 …………… 145
8.1　ResearchGate 平台用户行为研究述评 ………………… 146
8.2　ResearchGate 平台用户行为调查 ……………………… 149
　　8.2.1　数据收集 …………………………………………… 150
　　8.2.2　数据分析 …………………………………………… 150
　　8.2.3　结论与启示 ………………………………………… 157

第 9 章　科研用户学术社交不足与激励策略 …………………… 160
9.1　理论基础 ………………………………………………… 161
9.2　研究设计 ………………………………………………… 163
　　9.2.1　研究方法和研究工具 ……………………………… 163
　　9.2.2　数据收集 …………………………………………… 163
9.3　实验及结果分析 ………………………………………… 166
　　9.3.1　数据编码与分析 …………………………………… 166
　　9.3.2　理论饱和度检验 …………………………………… 168
　　9.3.3　理论模型建构 ……………………………………… 169
9.4　学术社交行为的优化与激励策略 ……………………… 172

第 10 章　科学 2.0 时代学术交流行为优化与建议 ……………… 175
10.1　学术交流的行为主体层面 ……………………………… 175
10.2　学术交流的平台系统与服务层面 ……………………… 177
　　10.2.1　探索促进双向互动的系统设计 …………………… 177
　　10.2.2　开发面向科研流程的嵌入式服务 ………………… 179
10.3　学术交流的环境层面 …………………………………… 182
10.4　小结 ……………………………………………………… 185

第 11 章　结语 ………………………………………………………… 186

参考文献 ………………………………………………………………… 190

第1章 绪　　论

学术交流是一种典型的与信息有关(information-related)的行为,是科学研究过程的一个重要组成部分①。早期的科学家主要通过图书、期刊等文献信息系统将个人研究成果与同学科、同领域的学者交流,整个学术交流行为大多是围绕印刷型文献进行,阅读文献、搜寻文献、获取文献、利用文献,科学家需要利用图书馆等文献信息机构获取文献,论文的发表也需要通过正式的出版发行机构才能实现,科学家之间的合作关系只能借助书信、定期的会议或是实验室讨论的方式形成和维系,科学家的学术交流行为模式受制于低效的学术交流体系之中,难以满足知识创新和科学发展的客观要求。

20世纪90年代末,随着互联网的出现,网络开始成为人们信息交流的重要载体,网络信息交流为传统的信息交流注入了活力,传统信息交流向网络化和数字化转变,学术交流同样受益,体现在交流效率提升以及成本的降低。基于 Web1.0 的技术将学术交流行为的变革之幕缓缓拉开,在网络技术应用的初期,印刷型文献向电子文献过渡;新型数字化学术信息出版发行商代替了传统的学术出

---

① Hida R M, Begeny J C, Oluokun H O, et al. Internationalization and geographically representative scholarship in journals devoted to behavior analysis: An assessment of 10 journals across 15 years[J]. Scientometrics, 2020, 122(1): 719-740.

第1章 绪　　论

版商，通过建设电子期刊和数字化文献数据库优化出版流程，缩短学术出版周期；图书馆等信息服务机构从纸质印刷文献管理机构开始向主要处理电子媒体的信息服务机构转变；文献的整体概念被分解成为独立的知识单元以适应借助于互联网技术的传输。行为与技术协同演进的人类历史也预示着：互联网技术的出现必然带来人类行为的转变。在学术交流领域亦是如此。传统学术交流链上科研用户查找、阅读、引用和发表行为在新技术革命的推动下呈现出新的特征：纸质阅读向电子阅读行为转移；接受以文献内容存储单元的知识；逐渐接纳开放存取形式并用于成果的发布；以下载知识单元的方式利用文献而不是去进行整体借阅，等等。诚然，在互联网发展的初期，Web 1.0 技术带来的更多是对文献载体的变革，但是科学的加速发展以及社会创新的加剧，对学术交流过程中知识的生产和流转效率提出了更多要求，科研用户被动接受知识、传播知识、等待发表的行为模式也亟待改进。

　　进入 21 世纪以来，基于 Web2.0 的社交媒体技术开始应用于学术交流领域。社交媒体是建立在 Web 2.0 技术基础之上的互动社区，允许人们自由撰写、评论、分享和讨论，用来作为分享观点、意见的工具和平台①。随着 Web 2.0 技术的推广和应用，国内外涌现出大批代表性的、侧重于不同功能的社交媒体平台，包括：博客、维基、简易信息聚合（RSS）、社会性网络服务（SNS）、即时通信、问答社区等。社交媒体在服务学术交流方面也具有突出的价值，表现在以下几个方面：①提供了丰富的媒体功能，可以采用多种表达方式及时反馈用户，并可以传达个体的情感；②提供自由开放的交流平台，交流的人数、时间、空间都不受限制；③方便的保存和管理交流记录，提供随时随地的获取；④提供开放编辑和自由协作的平台；⑤提供基于用户个人的信息组织和分类方式；⑥提供基于用户需求的知识聚合。

　　以社交媒体技术为代表的 Web2.0 技术的广泛应用也拉开了

---

　　① 曹博林.社交媒体：概念，发展历程，特征与未来兼谈当下对社交媒体认识的模糊之处[J].湖南广播电视大学学报，2011(3)：65-69.

"科学2.0"(Science 2.0)时代的序幕,协同工作和交互式读写成为学者建立线上连接的纽带,社交媒体技术倡导参与、兼容、协作的价值与科学的核心元素"交流""合作"完美契合,促进信息交互的技术为学术群体所接受,学术交流开始出现从线下到线上的自然转换和迁移①。Nature于2014年启动的针对全球科研工作者使用学术社交媒体的调查显示,学术群体已经接受并将社交媒体应用于日常科研工作中②。

在文献研究方面,关于学术交流行为的研究形成了丰富的成果,集中体现在以下三个方面。

(1)关于互联网技术对学术交流体系影响的理论研究

在互联网发展的初期,学者们注意到网络技术对传统学术交流体系的影响,围绕学术交流模式及演变③④、学术交流载体的变化⑤、数字化出版转型⑥、信息服务模式再造⑦、网络学术交流体系⑧等形成了大量的理论研究成果,也有零散研究关注到科研工作者作为信息交流的主体,其阅读行为、信息搜寻行为受网络技术影响的变化,如Covi等访谈了10位分子生物学的博士,发现尽管研

---

① 韩文,刘畅,雷秋雨.分析学术社交网络对科研活动的辅助作用以ResearchGate和Academia.edu为例[J].情报理论与实践,2017,40(8):105-111.

② Noorden R V. Online collaboration: Scientists and the social network[J]. Nature,2014,512(7513):126-129.

③ 党跃武.信息交流及其基本模式初探[J].情报科学,2000(2):117-120.

④ 林忠.学术博客与传统学术交流模式的差异探析[J].情报资料工作,2008(1):41-44.

⑤ 方卿.论网络环境下科学信息交流载体的整合[J].情报学报,2001(3):290-294.

⑥ 张晓林,党跃武,李桂华.网络化数字化基础上的新型学术信息交流体系及其影响[J].图书馆,2000(3):1-4,29.

⑦ 张晓林.学术信息交流体系的重组与大学信息服务模式的再造[J].大学图书馆学报,2000(1):16-21.

⑧ 柳丽花,曹树金.浅析网络学术信息的交流体系[J].情报理论与实践,2005(2):148-151.

究生们有更熟练的使用电子资源的技巧,但是他们也倾向于模仿老一辈学者参考更多纸质文献①。

(2)关于学术社交媒体用户行为特征与影响因素的调查研究

现有研究多采用典型的学术社交网站作为研究对象,如Academic.edu、ResearchGate、科学网博客、小木虫等②,调查用户对网站的采纳意愿及影响因素,特别是学科、性别、学术经历的影响等③④,用户采纳行为也体现出的群体特征和地区特征⑤。研究也广泛涉及用户某种特定类型的行为如阅读交流、知识分享、知识利用、文献链接、学术信息搜寻等⑥⑦,以及行为相关的影响因素,包括样本人口统计方面的因素,如性别、年龄、学科专业、学术经历等,也包括心理和社会因素,如情感、互惠、主观规范等⑧。这一类研究主要集中在学术社交媒体产生的初期(2010—2015年),在研究方法上更多采用问卷调查、半结构化访谈等进行探索性研究。

---

① Covi L M. Debunking the myth of the Nintendo generation: How doctoral students introduce new electronic communication practices into university research[J]. Journal of the American Society for Information Science,2000,51(14):1284-1294.

② 夏立新,翟姗姗,陈卓群.基于学术博客的图书馆学科知识服务研究[J]. 图书馆论坛,2011,31(6):109-114.

③ Rowlands I, Nicholas D. Social media use in the research workflow[J]. Information Services and Use,2011,31(1-2).

④ Noorden R V. Online collaboration: Scientists and the social network[J]. Nature,2014,512(7513):126-129.

⑤ Thelwall M, Kousha K. ResearchGate: Disseminating, communicating, and measuring Scholarship? [J]. Journal of the Association for Information Science and Technology,2015,66(5):876-889.

⑥ 孙建军,顾东晓.动机视角下社交媒体网络用户链接行为的实证分析[J]. 图书情报工作,2014,58(4):71-78.

⑦ 万健,张云,茆意宏.移动互联网用户阅读交流行为研究[J]. 图书情报工作,2014,58(17):31-35,71.

⑧ 周庆山,杨志维.学术社交网络用户行为研究进展[J]. 图书情报工作,2017,61(16):38-47.

(3) 基于用户行为痕迹揭示用户信息交互规律的研究

社交媒体技术广泛应用以来，其具有的一个重要特征就是支持信息交互，社交媒体用户交互过程中留下了大量反应行为痕迹的数据，如留言、评论、页面浏览量、提交的成果、关注好友的数量、被关注数量等，通过对这些数据及关系的挖掘获得用户在社交媒体环境下交互过程的行为特征①、形成的网络结构的特征②、在网络中形成的信息传播特征和交流规律③④以及网络中的知识转移规律⑤。随着新的社交媒体平台的产生，用户行为数据在数量和内容上都更为丰富，这一类研究吸引了信息计量学、传播学领域学者的广泛关注⑥。

已有成果为研究科研用户的学术交流行为提供了重要的基础，本书在此基础上聚焦于下述关键问题，即如何在兼顾考虑"科研用户"主体特征与"科学知识"客体属性基础上，全面展示科学2.0时代学术交流行为的构成要素、过程特征与典型模式。之所以要强调在研究过程中结合主体特征与客体属性的分析，是因为学术交流典型与这两个维度密切不可分割，但是长期以来针对主体特征的研究主要来自用户行为的研究方向，而针对知识客体的研究主要来自科学计量的研究方向，这两者在研究方法、研究思路、研究对象上存

---

① Corvello V, Genovese A, Verteramo S. Knowledge sharing among users of scientific social networking platforms [C] // Frontiers in Artificial Intelligence & Applications, 2014.

② Hoffmann C P, Lutz C, Meckel M. A relational altmetric? Network centrality on ResearchGate as an indicator of scientific impact [J]. Journal of the Association for Information Science & Technology, 2015, 67(4): 1-11.

③ 丁敬达, 许鑫. 学术博客交流特征及启示基于交流主体、交流客体和交流方式的综合考察与实证分析[J]. 中国图书馆学报, 2015(3): 87-98.

④ 刘晓娟, 余梦霞, 黄勇, 等. 基于ResearchGate的学术交流行为实证研究以北京师范大学为例[J]. 情报工程, 2016, 2(3): 26-36.

⑤ 丁敬达, 杨思洛, 邱均平. 论学术虚拟社区知识交流模式[J]. 情报理论与实践, 2013, 36(1): 64-68.

⑥ 孙思阳, 张海涛, 任亮, 等. 虚拟学术社区用户知识交流行为研究综述[J]. 情报科学, 2019, 037(1): 171-176.

在较大的差异。如，用户行为的研究通常使用问卷调查、访谈法等偏定性的研究方法，侧重于用户的态度、情感、行为意愿，对于用户交互的信息对象内外部特征的关注不足；而科学计量的研究通常使用数学模式、统计法等定量的研究方法揭示科学知识的发生、发展和变化规律，几乎不涉及具体使用者的影响。本书尝试通过系统研究的视角，将学术交流的主体与客体特征相结合，同时结合技术的变革和推动影响，全面展现由技术驱动的科研用户学术交流行为的协同演进过程。

科学 2.0 时代，本书重点要解决的问题包括如下五个方面：一是，学术交流行为的过程和模式特征是什么？二是，科研用户的学术信息需求是什么？三是，国内外主流的学术交流平台有哪些，有哪些主要的功能和服务特色？四是，科研用户对学术交流平台的使用现状如何？五是，未来学术交流行为如何演进与优化？围绕上述五个问题，本书设计了 11 章的内容，基本逻辑沿着理论梳理、实践调研到未来展望，逐层深入，尝试对上述问题进行一一回答。

第2章 从科学交流到学术交流：内涵与形式的演变

学术交流行为的客体，狭义上界定是科学知识，广义上可以界定为"具有一定知识含量的信息"。但是不管如何界定，知识属性都是学术交流行为客体对象的固有属性。科学交流是关于科学知识生产、传播、交流形式及交流规律的系统理论，为研究学术交流客体提供了重要的理论基础。

2.1 科学交流的相关概念

科学交流起源于17世纪科学家之间的正式和非正式交流。20世纪70年代苏联科学院科技信息所所长米哈伊洛夫出版《科学交流与情报学》，该著作以科学交流命名并对科学交流的理论进行了系统的阐述。在此基础上，他也提出了一个整合正式和非正式科学信息交流为一体的米哈依洛夫模型[1][2]，该模型明确了科学交流的"正式过程"和"非正式过程"。最近半个世纪以来，关于科学交流

---

[1] Brown C. Communication in the sciences [J]. Annual Review of Information Science and Technology, 2010, 44(1): 285-316.

[2] 米哈依洛夫. 科学交流与情报学[M]. 徐新民，等译，北京：科学技术文献出版社，1980.

第2章　从科学交流到学术交流：内涵与形式的演变

的讨论一直是学术界关注的热点，吸引着来自信息管理学、情报学、心理学以及出版发行界的广泛关注。关于科学交流的定义没有形成统一的表述，一些学者通过界定科学交流活动的内涵理解科学交流，认为科学交流包括两个层面，一是学者同行之间的交流，二是科研成果向公众传播①。一些学者也通过比较相关概念来界定科学交流的内涵。如有学者细致比较了科学交流和学术交流的概念与内涵，李国红认为两者最终表现形式都是信息的交流，科学交流强调交流的功能，学术交流强调交流的内容②；徐丽芳从学科差异的角度比较认为科学交流强调在自然科学研究中的信息交流，学术交流的概念内涵中除了包括自然科学还包括人文社会科学研究中的信息交流活动，因此"学术交流涵盖科学交流"，随着科学的发展和学科演变，"科学家"不再局限于自然科学领域，科学之概念同时涵

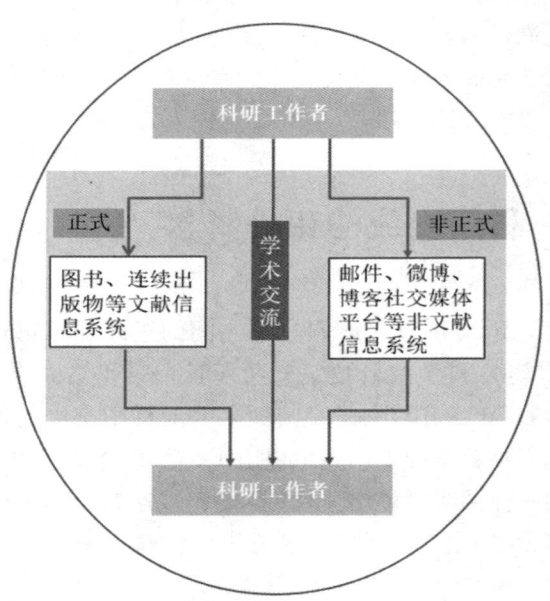

图2-1　学术交流的内涵及形式

---

① 刘峥.基于网络的学术传播模式研究[D].武汉：武汉大学，2004.
② 李国红.科学交流模式探讨[J].情报科学，2002(12)：1322-1325.

盖了自然科学、人文科学和社会科学,这两个术语的差异已经微乎其微,"已经没有必要去严格区分"了①。

本书认为学术交流比科学交流的概念更为宽泛,是指科研工作者之间以学术研究为目的的一切正式和非正式的信息交流,其中,交流活动的主体是科研工作者;交流的内容是与学术有关的信息、知识和数据。学术交流的内涵及形式见图 2-1。

2.2 科学交流系统模型

早期的科学家主要是通过期刊论文与读者交流,将存在于个人脑海中的隐性知识通过公开发表的方式传播给公众,当然也借助于同行评议的过程将个人研究所得与同学科、同领域的学者交流。仅就交流行为而言,在论著正式发表之前也存在各种渠道和机会与本地同事或者国际同行交流研究成果,如小型专业研讨会、大型国际学术会议、学术讲座等。因此,科学交流过程中也卷入多种情境、信息传播载体和媒体,正式和非正式的交流形式交替进行。为了清晰反映科学交流的详细过程以便分析其中要素的特征及其变化,国外一些学者提出了代表性的科学交流模型,通过对这些模型的梳理可以从中看出科学交流的演变规律。

2.2.1 Garvey-Griffith 模型

1972 年,Garvey 及其合作者 Griffith 解析了科学交流的过程,提出了 Garvey-Griffith 模型(见图 2-2)②。他们认为"交流是科学的

---

① 徐丽芳. 论科学交流及其研究的流变[J]. 情报科学,2008(10): 1461-1463,1481.

② Garvey W D, Griffith B C. Communication and information processing within scientific disciplines: Empirical findings for Psychology [J]. Information Storage & Retrieval, 1972, 8(3): 123-136.

第 2 章　从科学交流到学术交流：内涵与形式的演变

本质"，科学交流是一个社会过程。尽管该模型最早是用于解释社会心理学的科学交流现象，但是后来普遍被证明在物理学和社会科学领域也同样适用。Garvey-Griffith 模型描述了研究成果的流转过程，勾勒了科学知识从初期被产生直至纳入科学发展的整个历程。Garvey 等提出科学交流过程始于"研究开始"，大概经历 6 个月时间形成"报告前期发现"，经过 1 年时间"研究完成"，接下来是"提交手稿"，这需要近两年时间，最终成果可能是"期刊出版"，也可能是"会议报告或预印本"，接下来的两年时间形成"文摘索引"，大概经过 6 年会被"其他论文引用"。这些描述为揭示时间对知识生产及其扩散的影响提供了理论依据。在模型中，科学文献是交流体系的基本单元，交付期刊发表只是其中一个环节，整个体系中也包括一些有意义的输出节点，如对高等教育的支持，参加专业内的研讨会，进行学术报告等。文章在正式刊发后，一些文献管理组织和机构会对文章进行二次加工，编制索引和摘要，纳入年度评论中收藏和进行二次传播。Garvey 等描述的科学交流过程既包括了基于文献系统的正式交流过程，也包括了经由会议等进行信息交流的非正式交流过程。在学科差异影响方面，他们强调，尽管各个学科的

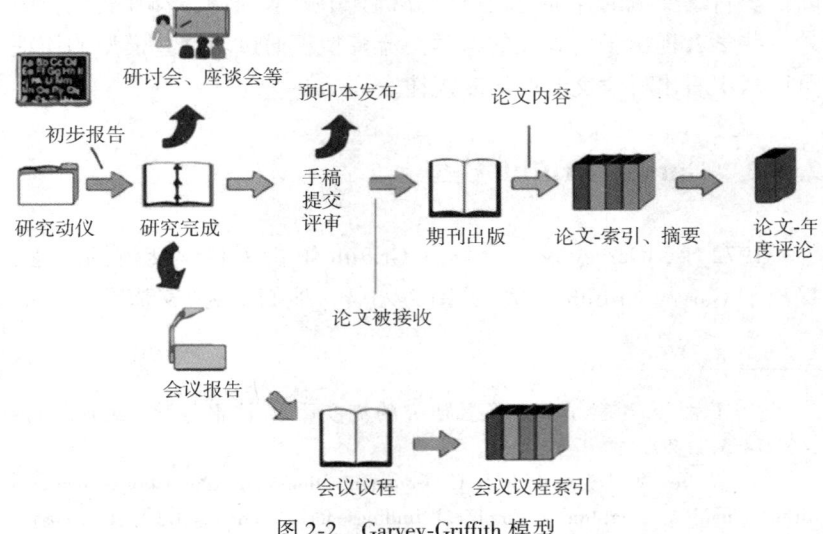

图 2-2　Garvey-Griffith 模型

2.2 科学交流系统模型

时间跨度会有较大差异,但模型中关键的组件具有通用性。但遗憾的是,因限于当时的技术条件,Garvey-Griffith模型没有考虑到信息技术对科学交流活动的影响,此外,该模型也未充分揭示非正式交流的元素及其作用。

2.2.2 Hurd 科学交流模型

2000年美国芝加哥伊利诺伊州立大学的教授Hurd对Garvey-Griffith模型进行了改进,他结合互联网环境,将电子期刊网站、数字图书馆等新载体形式也纳入思考范围,提出了"2020年科学交流模型"来预测到2020年科学交流的发展(见图2-3)①。与Garvey-Griffith模型相比,新模型保留了包括同行评议等传统科学交流的过程,因为那些体现了"科学家共同体看重的价值"。他提出了一些具有特色的新元素,如"与研究有关的数据"(RRI)。传统环境下,科研人员之间主要通过电话或传真联系来获取实验数据,而在未来,科研人员将会把科研数据上传至系统,其他科研人员可以通过RRI找到大量研究需要的原始数据,在此基础上直接进行分析和处理,这一过程将大大提升科研效率。作者也进一步设想RRI应该是全球性的,否则对发展中国家不利。作者也提出"看不见的学院",通过互联网技术促进成员之间的持续交流,扩展成员关系。对于那些有"预印文化"传统的学科都参与到手稿的交流中,在正式出版之前预印本数据库也将发挥作用,支持和共享成员的研究成果。作者也预测,许多行业会遭受"转型"的挑战,如一些大学出版社、高校图书馆等都需要在应对转型挑战过程中重新定义业务类型和合作伙伴关系,也需要开发新的产品和服务。与此同时,一种新的组织和合作模式——整合服务(Aggregator services)也将出现。互联网上所有的电子文献都将由整合服务商来管理和负责,

---

① Hurd J M. The transformation of scientific communication: A model for 2020[J]. Journal of the American Society for Information Science, 2000, 51(14): 1279-1283.

"他"将作为一个看门人,提供学术搜索引擎链接到每个具体的期刊站点,而未来将会提供从文献出版到读者终端的全过程管理。尽管 Hurd 的研究发表于 2000 年,当时互联网的应用并没有当今广泛,但他关于科研数据的存储与共享、数字出版业变革的预测在当今依然闪烁着智慧的光辉。

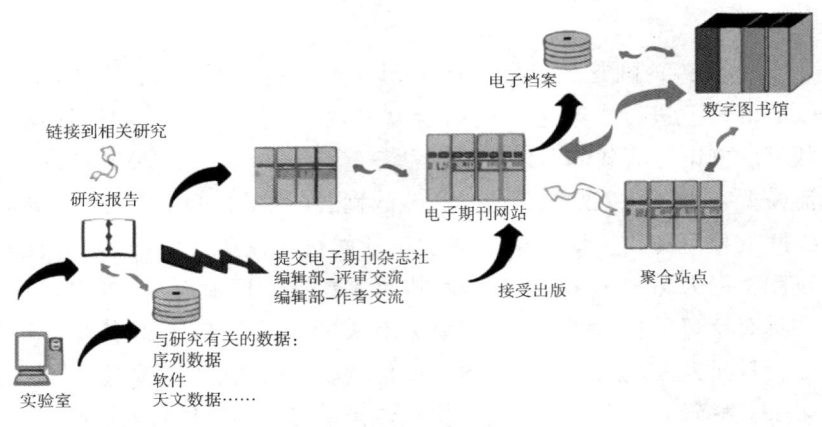

图 2-3　2020 年科学交流模型

2.2.3　通用科学交流模型

北欧学者 Fjordback SØndergaard 在联合国科技情报系统(UNISIST)模型基础上提出了一个适应数字化发展的科学交流模型。该模型的构建方法来自 20 世纪 90 年代倡导的领域分析技术(Domain-Analytic),该技术强调比较和分析各个知识领域交流机构之间差异性的重要意义,特别是在信息检索、知识组织等科学交流活动中①。这个模型包括三个基础模型:单纯反映互联网影响的科学交流模型;适用于一切科学领域的通用交流模型;反映学科间差

---

① 孙玉伟. 数字环境下科学交流模型的分析与评述[J]. 大学图书馆学报,2010,28(1):41-45.

异,适用于分析某一具体学科领域科学信息交流情况的模型。本书将重点分析第二个模型,后文简称 SØndergaard 通用科学交流模型(见图 2-4)①②。该模型沿用了 UNISIST 关于正式交流和非正式交

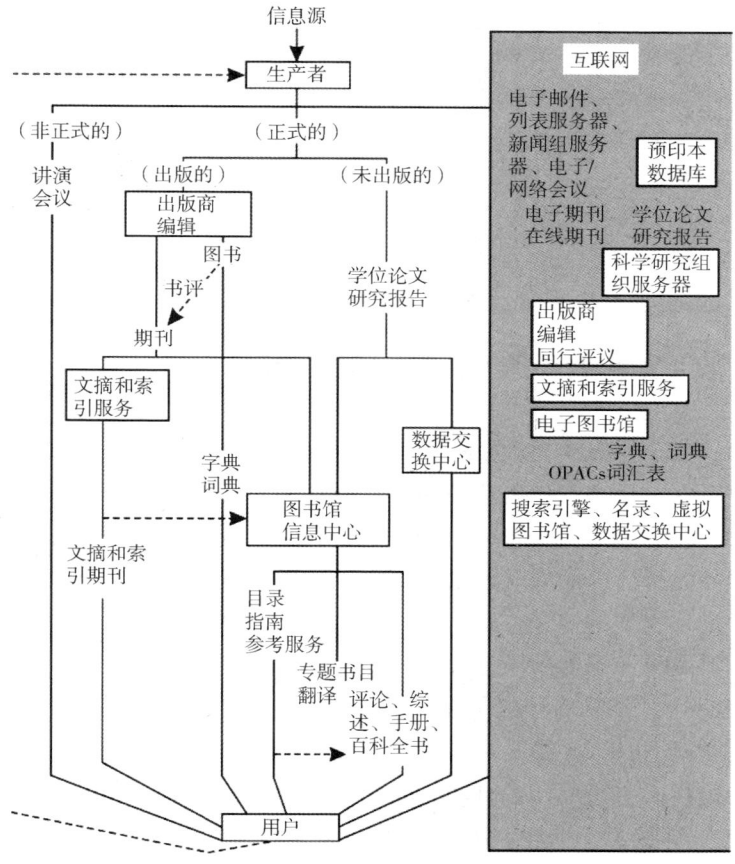

图 2-4　SØndergaard 通用科学交流模型

---

① Søndergaard T F, Andersen J, Hjørland B. Documents and the communication of scientific and scholarly information[J]. Journal of Documentation, 2003, 59(3): 278-320.

② 徐丽芳. UNISIST 模型及其数字化发展[J]. 图书情报工作, 2008, 52(10): 65-69.

第 2 章　从科学交流到学术交流：内涵与形式的演变

流的划分方法，其中非正式交流渠道包括网络视频会议、电子邮件、新闻组等；正式交流渠道包括预印本数据库、出版商网站、搜索引擎和元数据搜索引擎等。该模型之所以称为通用交流模型，因为它综合考虑了各学科的适用性，对代表性学科所倚重的文献和机构类型进行了列举。如针对法学适用的法规和法律条文；地理学适用的地图和地图集；天文学适用的天文历法等。通过新增更多的信息机构和文献类型，充分体现网络时代各个学科信息交流的特征。尽管 SØndergaard 通用交流模型中关于互联网对科学交流影响的描述不够完备，但是该模型能够明晰非正式交流和正式交流的界限并兼顾学科差异提出一个整合的问题解决框架，至今仍具有借鉴价值。

2.2.4　科学交流的科研生命周期模型

科研生命周期（Research lifecycle）是使用生命周期的方法描述科研活动，反映了科研活动具有"连续性、不可逆转性和循环迭代性"的特征①，其本质是一个用于描述科学研究过程的分类体系。由于研究科研生命周期理论的主体、研究目的等存在差异，对科研生命周期模型的划分方式也不尽相同。表 2-1 中列举了国内外代表性的科研生命周期阶段划分及其应用背景。从总体上看，对科研生命周期的划分以五阶段居多，也有一些更细致的划分②。2011 年美国学者 Nicholas 和 Rowlands 等提出了一个嵌入社交媒体工具的六阶段科研生命周期模型（见图 2-5）③。他们认为科学交流是贯穿于整个科研活动过程中的信息交流，互联网技术特别是基于

---

①　马费成，望俊成. 信息生命周期研究述评（Ⅰ）价值视角[J]. 情报学报，2010，029(5)：939-947.

②　张晓林. 研究图书馆 2020：嵌入式协作化知识实验室？[J]. 中国图书馆学报，2012，38(1)：11-20.

③　Rowlands I, Nicholas D, Russell B, Canty N, Watkinson A. Social media use in the research workflow[J]. Learned Publishing, 2011, 24(3)：183-195.

2.2 科学交流系统模型

表 2-1 科研生命周期的构成阶段及应用背景

文献出处	阶段划分					应用背景
	第一阶段	第二阶段	第三阶段	第四阶段	第五阶段	
(Barga, Andrews, & Parastatidis, 2007)①	产生观点	获得资助	实验、合作和分析	传播成果	虚拟科研平台开发	
(Deng & Dotson, 2015)②	产生观点	计划周期：研究计划、背景研究	项目周期：实验/项目；形成数据；形成结论	出版周期：形成论文稿；同行评议；出版/展示	21世纪数字学术关系周期：保存；传播	高校图书馆服务

---

① Barga R S, Andrews S, Parastatidis S. A Virtual Research Environment (VRE) for Bioscience Researchers[C]// International Conference on Advanced Engineering Computing & Applications in Sciences. IEEE Computer Society, 2007.
② Deng S, Dotson L. Redefining scholarly services in a research lifecycle[M]. USA: Rowman & Littlefield Publishers, 2015.

续表

文献出处	阶段划分					应用背景
	第一阶段	第二阶段	第三阶段	第四阶段	第五阶段	
(Kwon, 2017)①	产生观点：产生观点；形成最初的假设；找到初研究设备；测试可行性	确保资助：找到资助的来源；成立科研组；撰写资助申请	实验和分析：开展实验；分析结果	产品产出：技术报告；源技术；专利；期刊论文；实现产业化	评价：内、外部评价	科技项目研发
(Vaughan et al., 2013)②	产生观点：找到背景文献；有效使用研究工具；找到数据源；确定合作者	找到资助：学习如何找到资助信息；确定具体的资助机会；找到可替代的资助来源	建议：准备计划；数据管理管理描述；数据库选择；遵循NIH①公共访问政策	实施：引文管理；评审IRB②和IACUC③协议；实施系统性的评论	传播：选择期刊；找到领域内的开放存取期刊；管理版权；设计有效的海报；引用授权；跟踪研究影响力；存入数据库	高校图书馆服务

① Kwon N. How Work Positions Affect the Research Activity and Information Behaviour of Laboratory Scientists in the Research Lifecycle: Applying Activity Theory[J]. Information Research an International Electronic Journal, 2017, 22(1): 1-32.
② Vaughan K, Hayes B E, Lerner R C, et al. Development of the research lifecycle model for library services. [J]. Journal of the Medical Library Association, 2013, 101(4): 310-314.

续表

文献出处	阶段划分					应用背景
	第一阶段	第二阶段	第三阶段	第四阶段	第五阶段	
(Tenopir et al., 2011)①	产生观点	组织团队	开题立项	科研探索；模拟、实验、观测；数据管理；数据分析；数据共享	成果产出	
(褚叶祺 & 蒋一平, 2016)②	激发概念	组建团队	开展科学研究	成果发布	高校图书馆服务	为高等教育提供信息技术服务

注：①NIH：美国国家健康研究院；②IRB：美国高校伦理审查委员会；③IACUC：机构动物护理和使用委员会。表中凡有分阶段内容的，上位阶段名称都用下画线加粗表示。

---

① Tenopir C, Allard S, Douglass K, et al. Data Sharing by Scientists: Practices and Perceptions[J]. Plos One, 2011, 6(6): 1-21.

② 褚叶祺, 蒋一平. 基于科研生命周期理论的高校图书馆学科服务机制探索[J]. 图书馆研究与工作, 2016, 149(05): 85-89.

第2章 从科学交流到学术交流：内涵与形式的演变

Web2.0的交互式操作大大丰富了科学交流的手段，通过科研生命周期模型能够很好地梳理新型交流技术如何为科学交流活动服务，进而提升科研工作者的工作效率。利用Rowlands等的信息生命周期模型可以更直观地帮助科研用户思考工具在何时被使用，如何使用，能产生怎样的价值。该模型以一个循环框架梳理了科研生命周期的8个重要环节：确定研究机会（Identify research opportunities）、寻找合作者（Find collaborators）、提供安全性支持（Secure support）、文献梳理（Review the literature）、收集研究数据（Collect research data）、分析研究数据（Analyse research data）、传播研究成果（Disseminate findings）以及整理研究过程（Manage the research process）。与其他同时期的模型相比，Rowlands等赋予科学交流新的、更加宽泛的定义，将科学交流嵌入科研活动的整个过程中，该模型的提出为研究一个庞大且复杂的科学交流过程指明了一条清晰的路径。

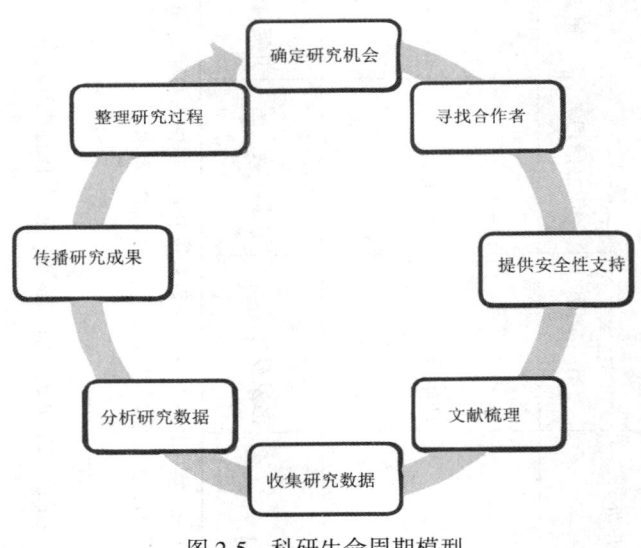

图2-5 科研生命周期模型

第3章 学术交流行为：过程与模式

本章从科研用户主体出发，基于信息行为理论构建一个充分体现学术交流特征的用户行为研究框架，将用户学术交流行为划分为两类：一类是围绕知识生产和获取的学术交流行为，另一类是围绕科研合作关系构建的学术交流行为，通过对用户行为现象和行为过程的分析，揭示科学2.0时代科研用户学术交流行为的现状、规律与特征。

3.1 信息行为与学术交流行为

信息行为与个体密切相关，宽泛描述了一切与信息相关的现象，包括信息需求、信息来源、渠道相关的全部人类行为。信息行为过程包括了行为主体、行为客体、环境以及行为结果等关键要素，这些关键要素之间的作用和相互影响机制就构成了不同的行为模式[1]。当今人类无时无刻不在与信息交互，每个人都随时随地的充当着信息用户的角色，在信息需求驱动下处理生活中的各类信息。因此，信息行为更像是一个广义的标签，只有将其放置在具体

---

[1] Case D O, Higgins G M. How can we investigate citation behavior? A study of reasons for citing literature in communication[J]. Journal of the American Society for Information Science, 2000, 51(7): 635-645.

第3章 学术交流行为：过程与模式

语境中才有意义。学术交流行为以弥合用户知识差距为驱动，是由科研用户主导的有关知识生产、传播、搜寻、利用及学术合作信息匹配的行为过程，其本质是科研用户头脑中知识的流动和转移。马克思曾指出，学术交流的是部分的以今人协作为条件，又部分的以前人劳动的利用为条件①。学术交流行为本身具有对推动科学技术发展和促进社会进步的重要作用。

现有的将学术交流行为作为研究主题的文献没有明确提出学术交流行为的类型及模式。学术交流行为既要体现出用户信息行为的特征，也不能脱离学术交流中关于正式交流体系和非正式交流体系划分的基本原则②。通常学术交流行为的目的包括两类：利用文献知识以及进行科研合作。在综合考虑学术交流的特征、用户信息行为特征、学术交流行为目的的基础上，本章提出将学术交流行为划分为两类：一类是围绕知识生产和获取的学术交流行为；另一类是围绕科研合作关系构建的学术交流行为。这两类学术交流行为的行为驱动因素、行为主体、行为客体、环境和行为结果都有所不同，下文也将对两类学术交流行为特征及构成要素进行阐述。

（1）围绕知识生产和获取的学术交流行为

围绕知识生产和获取的学术交流行为体现了文献信息流的特征（见图3-1），知识生产、传播、搜寻和利用行为也需要通过图书馆、学术出版发行机构等科技情报系统，因而可以看作是属于正式交流体系的范畴。围绕知识生产和获取的学术交流行为具体包括了四个主要的行为阶段：知识生产、知识传播、知识搜寻和知识利用。其中，行为主体是从事科研工作或科研相关活动的人。行为客体是各学科的知识，包括科研论文、专著以及与学科相关的数据和资料等。环境因素包括信息交流相关的技术的影响，以及参与者的影响。具体而言，信息技术通过改变学术交流的渠道和学术交流的

---

① 张艳玲，庄大生. 试论学术交流活动的功能与分类[J]. 情报探索，1996(1)：12-13.

② 周庆山，杨志维. 学术社交网络用户行为研究进展[J]. 图书情报工作，2017，61(16)：38-47.

3.1 信息行为与学术交流行为

效率影响不同阶段科研用户的学术交流行为；外部参与者主要包括图书馆等信息服务机构、学术出版机构、科研机构等，他们也参与了学术交流过程，对科研用户的行为产生影响。行为的结果是实现了知识在不同主体间的转移和流动，改变了主体的知识结构，弥合了主体的知识差距，促进了科学知识增值以及科学的发展与进步。

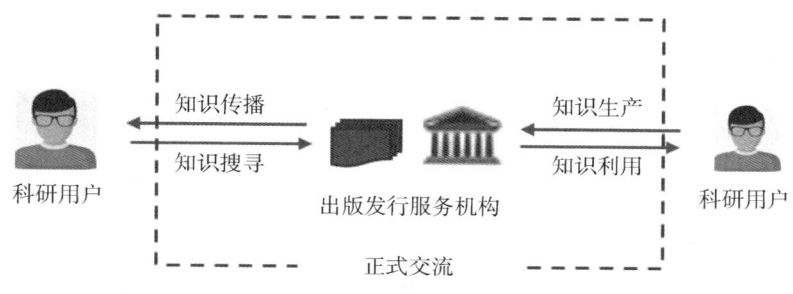

图 3-1　围绕知识生产和获取的学术交流行为模型

(2) 围绕科研合作关系构建的学术交流行为

这一类学术交流行为体现了科研人员参与和科研人员共同体构成的人际关系流的特征(见图 3-2)，属于非正式交流体系的范畴。围绕科研合作关系构建的学术交流行为具体包括了不同的行为阶段：信息发布、信息传播、信息交互和信息利用。其中，行为主体既包括高校、科研院所、高新技术企业的科研从业者，也包括普通公众中那些在某个知识领域拥有技术和专长的科学爱好者。行为客体是与科研合作关系构建有关的供需信息。环境因素包括促成信息交流的相关技术，以及外部参与者。具体而言，信息技术通过改变供需信息的发布、传播渠道影响不同阶段科研用户的学术交流行为；外部参与者主要包括图书馆等信息服务机构、学术出版机构、科研机构等，他们也参与了学术交流过程，对信息用户的行为产生影响。行为的结果是交流主体双方构建了合作关系，为科技创新和实现知识转化建立了基础。

第 3 章 学术交流行为：过程与模式

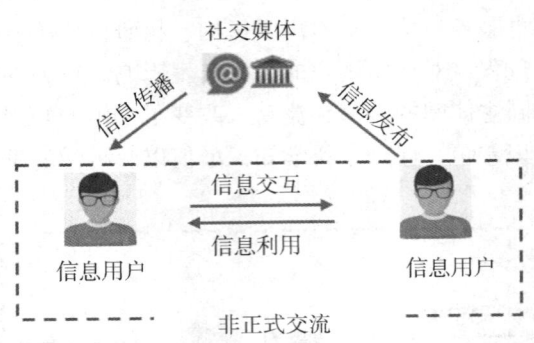

图 3-2　围绕科研合作关系构建的学术交流行为模型

3.2　围绕知识生产和获取的学术交流行为过程与行为模式

科研用户开展学术交流的一个主要目的就是实现知识的生产、获取、传播和利用，满足其潜在的知识的差距。基于 Web2.0 的社交媒体技术对围绕知识生产和获取的用户行为产生了极大的影响，通过影响各行为阶段（知识生产、知识传播、知识搜寻和知识利用）中行为主体、客体、环境、结果系统影响了各行为要素之间的关系，从而对用户的行为产生了系统性的影响。为了阐述这种影响性，本节首先分析了在传统非互联网环境下，科研用户围绕知识生产和获取的学术交流行为过程及特征，在此基础上分析了在社交媒体环境下，科研用户学术交流行为的新特征和用户行为模式的转变。

3.2.1　科研用户知识生产和获取行为的一般过程

在缺乏互联网技术支持的传统环境中，知识的生产、传播主要以文献为载体，通过科研用户的知识生产行为、传播行为、搜查行

3.2 围绕知识生产和获取的学术交流行为过程与行为模式

为和利用行为实现知识的增值和转移。图3-3展示了传统环境下围绕知识生产和获取的学术交流过程。行为过程要素包括以下四类：①行为主体：是从事知识生产、传播、搜寻和利用的科研用户。按照学科性质划分，包括自然科学学者和人文社科学者等；按照职业类型划分，包括高校师生、科研院所的研究人员、高技术企业的研发人员等。②行为客体：包括以文献为存储载体的知识。③环境：主要是指除行为主体外其他参与者的影响，包括图书馆等文献信息机构、期刊出版社、学术会议举办方等对知识的传播、存储、转移产生的影响。④行为结果：是实现知识的生产、增值、转移和流动。

学术交流过程包含了主体的四类信息行为，分别是：知识生产行为、知识传播行为、知识搜寻行为以及知识利用行为。知识生产行为是指知识的生产者以生产知识为主要动机，通过产生学术观点、收集原始知识、表达与组织概念、撰写论文、形成稿件等达成创造新的知识的目的。在此过程中需要借助图书馆等文献信息机构提供原始文献的支持。知识传播行为是指知识的传播者以传播知识为主要动机，通过选择成果存储形式、评估发表渠道、选择成果传播形式等达成传播知识的目的。在此过程中需要借助期刊出版社、学术会议出版等渠道提供支持。知识搜寻行为是指知识的搜寻者以搜寻知识为动机，通过选择学术信息源、选择搜寻方式、构建搜寻策略、浏览搜寻结果等达成搜寻知识的目的。在此过程中需要图书馆等文献信息机构提供对文献及检索策略的支持。知识的利用行为是指知识的利用者以利用知识为主要动机，通过阅读、吸收、引用、评价等达成利用知识的目的。在此过程中，知识接收者的认知结构发生了变化，进而其态度、认知和行为也可能随之改变，借助于新增长的知识，行为主体的产生了新的学术观点，受到生产知识的驱使，成为新的知识生产者，启动知识的生产行为，从知识利用到知识生产实现了知识的流动、转移和增值，推动学术交流循环往复，实现了科学的发展与进步。

在缺乏网络技术支持的传统环境中，围绕知识生产和获取的学术交流行为具有以下4个方面的特征。

第3章 学术交流行为：过程与模式

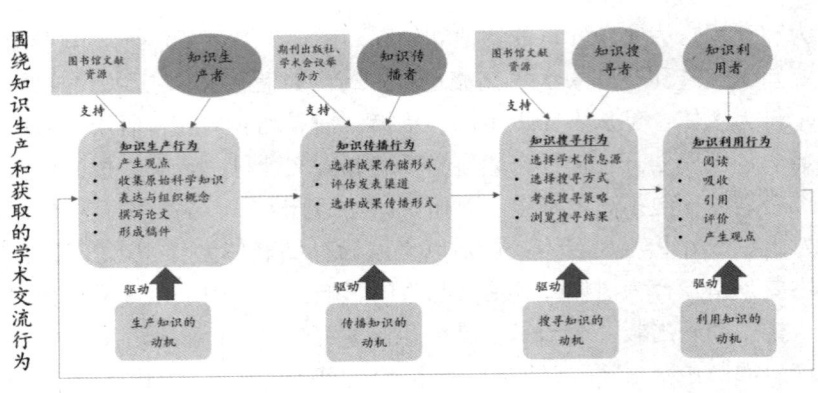

图 3-3 传统环境下科研用户的知识生产和获取过程

一是，各个行为阶段的发生是依次单向线性进行的。具体而言，只有当知识生产者生产的信息出版后才能被知识接收者搜寻、利用，在整个过程中知识生产行为处于学术交流过程的最前端，没有知识生产者就不可能产生新的知识，也不存在后续的知识交换过程，尽管知识生产者的地位极为重要，但是整个交流过程对知识生产者交流需求的关注是极少的，缺乏对知识生产者知识贡献行为的有效评价和激励机制。

二是，知识的流动与转变受行为主体行为的驱动而不是相反的过程。在以纸质文献为载体的学术交流过程中，知识的生产者和接收者分别实施不同类型的行为，通过知识生产者的知识生产行为、知识传播行为以及知识接收者的知识搜寻行为和知识利用行为以及各行为阶段的参与主体（图书馆等文献信息机构、期刊出版社）的配合，知识的转移、流动、发展、更新才得以实现。在学术交流过程的关键环节知识的流动都受制于该阶段主体的行为，这也使得知识的流动和转化受到诸多与主体相关的诸多因素的影响，如情感、意愿、能力、既有的经验等，使得知识的自由流动受到限制，影响了学术交流的效率。

三是，知识生产者与接收者之间的界限清晰，泾渭分明。在传统学术交流过程中知识生产者到接收者之间涉及不同环节、不同类

3.2 围绕知识生产和获取的学术交流行为过程与行为模式

型的参与主体及不同的行为要素,受到知识传播效率、知识搜寻效率、知识利用效率的影响,需要耗费知识接收者大量的时间和智力成本,信息行为主体的知识利用行为转化为知识生产行为的过程异常艰难,影响了知识生产和知识创新的效率。

四是,在学术交流行为过程中,主体各阶段行为被割裂开来,行为要素之间缺乏必要的联系,整个过程缺乏联动机制,无法形成一个有机联系的知识体,生产知识、传播知识、搜寻知识和利用知识的行为过程复杂,在一定程度上影响了知识流动和转移的效率。

3.2.2 互联网技术支持的知识生产和获取行为过程及影响因素

互联网技术应用,特别以社交媒体为典型代表,社交媒体技术的产生及应用重塑了学术交流的技术环境,为科研人员搭建了一个知识生产、传播、搜寻和利用的平台。在围绕知识生产和获取的学术交流行为中,社交媒体作为中心端点,其参与及功能支持实现了一个整合的学术交流链,促进知识在行为主体间的流动、转化和传播。与传统环境相比,社交媒体技术支持的环境中,行为客体和环境要素发生了变化。具体地说行为客体包括以社交媒体为存储载体的各类知识;环境要素包括社交媒体技术以及除行为主体以外的其他主要参与者,其中社交媒体技术包括各类辅助学术交流的社交媒体平台;其他参与者包括利用图书馆、学术出版机构等。社交媒体环境下科研用户的知识生产和获取过程见图3-4。

(1)知识生产行为

在知识生产行为中,生产知识是行为的主要动机,科研用户是行为主体,社交媒体平台以及建立在社交媒体平台上的图书馆等信息服务机构也参与到知识生产中,为科研用户服务,开展辅助知识生产的活动①。图书馆等信息服务机构利用社交媒体平台建立机构

---

① 丛挺. 基于知识链的全球学术出版服务模式创新研究[J]. 出版科学,2018,26(1):27-32.

第3章 学术交流行为：过程与模式

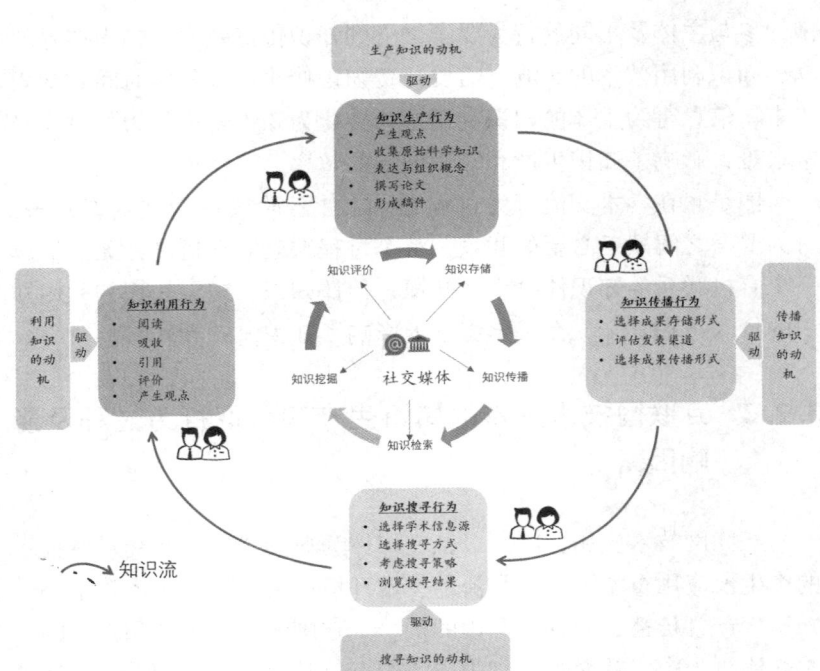

图 3-4　社交媒体环境下科研用户的知识生产和获取过程

账户，为科研用户提供与文献搜寻有关的参考咨询服务，同时也通过构建学科导航系统和学科专题数据库，为科研用户提供个性化的学术资源服务。社交媒体平台通过整合用户上传的学术论文、会议论文、原始数据、专著、实验发现、章节、代码、海报、研究计划、技术报告等直接向用户提供电子资源的在线使用；利用数据挖掘技术，对网站上的文献资源进行更细粒度的开发，支持论文内容与其他相关知识对象关联；利用可交互的图表、视频、音频等媒体方式全方位展示文献内容，增强用户对内容的吸收和理解；利用语义增强技术对文献进行结构化处理、添加语义标签、强加实体链接等改进用户对内容的获取效率。知识生产者通过从信息服务商获取原始知识，产生学术观点、表达与组织概念、撰写和形成论文等，达到知识生产的目的。正是因为社交媒体平台的参与，改变了知识生产的整体环境，作为知识生产者的科研用户可以更方便、快捷地

3.2 围绕知识生产和获取的学术交流行为过程与行为模式

接触到原始文献知识,实现短期内知识吸收和知识生产的交替,为知识创新创造了条件。

(2)知识传播行为

在知识传播行为中,传播知识仍然是行为动机,科研用户是行为的主体。图书馆等信息服务机构作为传统的文献资源的集散地,在网络时代也开始借助社交媒体平台开展优质文献推荐和读者借阅服务。在互联网时代,学术出版机构改变传统的以售卖资源为主的商业模式开始尝试如何更多发挥知识传播价值,从对社交媒体平台的利用方式上可以分为两类:一类是将社交媒体作为知识宣传平台。利用社交媒体平台开展以文献为中心的读者互动是一个重要的形式,为知识传播提供了渠道。如北美六大图书出版商都在主流的社交媒体平台(Facebook、Twitter和Tumblr)上建立了主页,通过使用话题标签Hashtags对新作品进行实时分享,达到了知识传播的效果。另一类是将社交媒体作为知识开放存取系统。一些世界著名的预印本系统,如起源于物理学领域的arXiv,生命科学领域的bioRxiv、PeerJPrePrints,社会科学和人文领域的Social Science Research Network等都是建立在Web2.0技术基础设施之上提供科研论文的快速发表。社交媒体平台凭借其广泛的用户基础,通过整合网站的资源向用户推荐符合其个性化需求的学术论文、会议论文、原始数据、专著、实验发现、章节、代码、海报、研究计划、技术报告等,促进了知识的传播。在知识传播行为中,突破了单一主体作为传播者的局面,基于社交媒体平台,图书馆等信息服务机构、学术出版机构以及信息服务商的加入实现了知识的二级传播甚至多级传播,提升了知识的流动效率。

(3)知识搜寻行为

在知识搜寻行为中,搜寻知识是主要的行为动机。传统环境下,科研用户只能通过图书馆员或亲自去图书馆查找文献资源。社交媒体强大的资源整合能力和检索功能赋能用户,缩短了文献资源发现过程。在知识搜寻行为中,作为知识搜寻者的科研用户是行为的主体,主要的参与者也包括社交媒体平台以及图书馆等信息服务机构等。社交媒体平台通过用户自愿上传、与学术出版机构合作等途径汇集了来自多学科的海量文献,借助灵活的知识组织体系把各类细粒度的文献单元合理组织起来,方便用户进行检索利用。现有社交媒体平台提供了几乎涵盖各类学科专业的文献信息资源,包括学术论文、会议论文、原始数据、专著、实验发现、章节、代码、海报、研究计划、技术报告等多达18类①。图书馆等信息服务机构也尝试借助社交媒体平台为用户提供虚拟参考咨询服务和学科服务,从专业的角度为用户查询信息提供指导。针对我国的"211"高校图书馆的调查显示,在116所高校中有55.6%采用微信、52.7%采用微博开展参考咨询服务,解答关于知识搜索方面的问题②。一项针对美国各州公共图书的调查显示,超过92.2%的图书馆在Facebook、Twitter、Google、Flicker等社交媒体平台提供信息咨询服务③。在以知识搜寻为目的的行为过程中,由于图书馆等信息服务机构和信息服务商的参与,用户可以获取的知识内容被极大丰富,同时借助社交媒体技术提供的信息组织、集成和整合功能,为用户选择学术信息源、选择搜寻方式和搜寻策略、呈现知识提供了更多的便利,加速了知识从文献单元向科研用户的流转。

(4)知识利用行为

科研用户对知识的利用包括文献阅读、吸收、引用、评价等具体的行为。对知识的利用看似是学术交流链的终点,实际上是创新知识的起点,这一阶段是实现知识创新的关键环节,科研用户的行为具有"承前启后"的作用。通过对知识的吸收和利用,促使科研用户对所获取的知识进行意义建构,进而产生了新的观点和知识,形成围绕知识产生、传播、搜寻、利用再到产生新知识的无限循环,推动科学的发展和进步。知识利用行为尽管意义重大,但是这样一个将显性知识接收转化为个人隐性知识的过程,几乎完全受到

---

① 方菲,叶冉玲,杨冀.社交媒体学术资源开发与利用状况分析[J].出版科学,2020,28(2):67-73.

② 贺新乾,王颖纯,刘燕权."211"高校图书馆虚拟参考咨询服务调查研究[J].情报杂志,2017,36(9):192-196,145.

③ 葛梦蕊,杨思洛.社交媒体在美国州立图书馆的应用及启示[J].图书馆,2016(1):74-80.

3.2 围绕知识生产和获取的学术交流行为过程与行为模式

知识接收者主观因素的影响①,社交媒体技术出现在一定程度上改进了用户利用知识的效率。从阅读行为看,为了促进阅读行为中知识的转化,近年来,图书馆等文献信息机构开始利用社交媒体加强针对读者的阅读推广活动,如综合利用多种社交媒体平台,利用微信、微博编辑阅读信息,多渠道发布,实现图书信息的精准送达和推广;借助社交媒体构建以本地图书馆为中心的阅读共同体,向共同体内的成员定时发送最新的书目信息,设计阅读任务评价制度,要求成员按时反馈评价结果,对创新性的观点给予激励,并充实到数字资源库。从引用行为看,引用他人的文献是一种典型的知识利用行为。近年来,学术出版机构围绕文献数据的可视化、文献架构可视化与密集型数据可视化等开展研究,帮助作者把文章链接到2D和3D图像数据集上以便社交媒体用户加深对文献信息的吸收;由荷兰SURF基金会借助情境可视化工具将语义出版物底层架构以可视化的方式展现出来,方便社交媒体的读者了解图书各章节、作者等图书单元实体之间的关系。尽管这些举措并不是提升论文被引的直接方案,但是对提升论文的可见度、增强科研用户对文章的理解具有实际的价值。从评价行为看,评价本质是知识利用者对文献内容质量的主观判断,但受制于用户的时间投入、知识和经验,这种评价往往根据文献的外部线索而不是内容特征②。因此,为科研用户提供一个可供参考的、客观准确的文献评价标准尤为迫切。如,ResearchGate 提出了 RG 指标对学术成果进行评价;Altermetrics.com公司综合多家社交媒体的数据提出了针对图书和文章的评价指标,成功开创了替代计量学(Altermetrics)这一新术语,也标志着文献评价从单一的针对引用计数的指标与社会影响力、社会经济发展的方向融合。在知识利用行为阶段,也包括行为主体产生了新的学术观

---

① Nonaka I, Umemoto K, Senoo U D. From information processing to knowledge creation: A Paradigm shift in business management[J]. Technology in Society, 1996, 18(2): 203-218.

② 丛挺. 基于知识链的全球学术出版服务模式创新研究[J]. 出版科学, 2018, 26(1): 27-32.

点，进而进入一个新的知识生产过程。

通过上述对社交媒体支持的学术交流行为过程的分析可以看出，围绕知识生产与获取的学术交流行为中，社交媒体支持下的学术交流行为过程形成了一个有机的整体系统，具体论述如下：首先，在社交媒体技术支持的环境中，行为主体的知识生产行为、知识传播行为、知识搜寻行为和知识利用行为之间的界限变得模糊，在以文献存取为中心的学术交流链上各个行为不再是互相割裂的行为阶段；其次，基于社交媒体技术的平台为科研用户之间的交互创造了前所未有的机会，科研用户变成了自媒体，可以在贡献知识的同时获得反馈，成为启发智慧和新知识的来源，同时又进一步被激励进行知识创造的活动，这样的正向反馈机制为知识的创造、利用提供了动力，使整个学术交流系统充满生机。

3.2.3 科研用户知识生产和获取行为模式的转变

现代信息技术的发展为我们提供了先进的信息交流平台和信息传播手段，深刻影响到人类社会的方方面面，也改变了人类社会的信息交流方式。在20世纪90年代互联网出现以前，科研用户的学术交流行为几乎都是围绕印刷型文献进行，阅读文献、搜寻文献、获取文献、利用文献等，用户需要通过图书馆等文献信息机构获取文献，需要通过出版发行机构实现论文的发表，而这一切在互联网出现之后有了较大的转变。

3.2.3.1 互联网发展初期科研用户的主要行为模式

20世纪90年代后期互联网出现并广泛应用，网络开始成为人们信息交流的重要载体，网络信息交流为传统的信息交流注入了活力，传统信息交流向网络化和数字化转变，学术交流活动同样受益，体现在交流效率提升以及成本的降低①。在网络技术应用的初

---

① 刘佳. 基于网络的学术信息交流方法与模式研究[D]. 长春：吉林大学，2007.

3.2 围绕知识生产和获取的学术交流行为过程与行为模式

期,印刷型文献向电子文献过渡,新型的数字化学术信息出版发行商出现,开始全面建立数字化文献数据库,随之电子期刊兴起,图书馆等信息服务机构从纸质印刷文献管理机构开始向主要处理电子媒体的信息服务机构转变。行为与技术协同演进的人类历史也预示着:互联网技术的出现必然带来科研用户学术交流行为的转变。传统学术交流链上科研用户查找、阅读、引用和发表行为也受到新技术的影响而呈现出新的特征。

(1)文献阅读行为:从纸质阅读向电子阅读转变

进入 21 世纪以来随着在线电子资源数量不断增长,科研用户使用电子资源也更加频繁。根据调查,2000 年美国大学研究者平均花费 182 小时阅读 188 本期刊文章,其中 60% 的文章是最近 6 个月内发表的,75% 的文章直接用于研究中的引证,41% 的文章用于支持教学,32% 的文章用于做报告①。该调查反映了在 2000 年初期用户对电子文献的接受以及电子文献在科学传播中的作用。时隔三年后,一项针对美国四所大学和机构科研人员使用电子文献的调查中发现,人均电子文献的使用时间增长 60%,电子期刊系统更为实用和先进,每篇文章被阅读的数量翻倍②。科研用户利用纸质文献向电子文献转移的行为与高校图书馆文献资源配置政策的变化密不可分,2000 年后高校图书馆馆藏资源逐渐从传统纸质资源为主向复合型馆藏资源转变。以武汉大学为例,自 2000 年以来,每年新增采购电子图书和电子期刊资源,2004 年电子文献资源占馆藏资源总量的 14%,2011 年这一比例达到 42%,其间通过建立机构库和特色文献资源增加了数字资源的比例,馆藏资源中有近 50% 的内容可以通过数字化方式获取③。以高校为主体的电子文献

---

① Tenopir C, King D W. Towards Electronic Journals: Realities for Scientists, Librarians, and Publishers[J]. Serials Review, 2001, 27(3-4): 141-142.

② Tenopir C, King D W, Boyce P, et al. Patterns of Journal Use by Scientists through Three Evolutionary Phases[J]. D-Lib Magazine, 1996, 9(5): 1-21.

③ Zha X, Li J, Yan Y. Understanding Usage Transfer from Print Resources to Electronic Resources: A Survey of Users of Chinese University Libraries[J]. Serials Review, 2012, 38(2): 93-98.

第3章 学术交流行为：过程与模式

订购率大幅提升是驱动科研用户阅读转型的一个重要因素。

伴随电子文献载体利用频繁出现的行为特征是"浅阅读"现象。2005年，Tenopir等调查了天文学家的阅读行为以及他们对电子期刊和数据库的认识后发现，58%的天文学家未经阅读就会下载并打印电子文献，最终仅有22%的文献会被阅读①。我国学者也通过调查发现数字环境下大学生读者群体阅读出现了"浅化"和"泛化"的趋势，进而提出高校图书馆需要采取相应的对策帮助用户提升阅读效果②③。这些调查在一定程度上反映了与传统纸质文献相比，用户对电子文献资源的利用显现出更大的"随意性"：更频繁的浏览摘要而不看全文；更频繁的下载但不会打开。但是这也并不意味着用户对电子文献阅读的效率会受到影响④，这种"浅利用"可能是与用户接受电子资源、转变阅读习惯过程相伴的一种现象。

（2）文献存储行为：从文献存储向内容存储转变

由于传统环境信息存储容量有限，文献内容单元不能被分割利用，这就使得被存储的内容非常有限。相比而言，互联网环境为科研相关的数据存储和传播提供了更广阔的空间。20世纪90年代末以DNA数据为代表的科学数据被作为单独的文档在高速互联网上管理和存储，催生了e-science的概念⑤。一些期刊，如《美国国家科学院院刊》（PANS）要求作者提交论文时需要提交相应的数据作

---

① Tenopir C，King D W，Boyce P，et al. Relying on electronic journals：Reading patterns of astronomers［J］. Journal of the American Society for Information Science & Technology，2005，56(8)：786-802.

② 钱小荣. 网络环境下大学生读者阅读方式的变化及图书馆的应对策略［J］. 现代情报，2010，30(9)：147-150.

③ 张立群. 当代大学生阅读行为及对策分析［J］. 图书情报工作，2015，59(S2)：105-107.

④ 张冰，张敏. 数字阅读必然会导致浅阅读吗？基于眼动追踪技术的数字阅读与纸质阅读对比实证分析［J］. 新闻传播，2013(1)：52-53.

⑤ Jankowski N W. Exploring e-Science：An Introduction［J］. Journal of Computer-Mediated Communication，2007，12(2)，549-562.

3.2 围绕知识生产和获取的学术交流行为过程与行为模式

为附件材料,以便于其他用户获取、分析和重复①。进入 21 世纪以来,文献中独立的内容单元被更多的提取出来,以链接方式作为指引,被存储在网络上的某个地址。互联网上针对内容单元存储位置的链接指引也具有与传统的"文献-文献"之间引用类似的学术交流功能。一些预印本网站也提供了可视化、多媒体的方式展示文献中的实证数据和过程模型,独立封装的内容单元被最大限度地挖掘和展示,通过链接指引,方便用户查找和再利用。同时,在网络计量学(Webmetrics)领域,学者也注意到链接与引文功能的相似性,提出了链接分析技术来进行学术影响力的评价②。"不能重复的科学研究不是真正的科学研究"③,互联网技术提供的链接操作不仅仅是学术交流上的一环,也深刻影响了科学的发展。

(3)文献发表与传播行为:开放存取成为成果发布的渠道

互联网技术无疑对学术交流链的"发表端"也产生了深远的影响。其中具有代表性的是开放存取运动(Open Access,OA)和预印本系统。2002 年,为了实现学术交流之自由和平等的目的,美国开放学会研究所(Open Society Institute,OSI)发布了"布达佩斯开放存取计划"(Budapest Open Access Initiative,BOAI),倡导实施开放存取运动④。该计划提出实现开放存取的两种途径,即开放存取仓储(OA Repository)和开放存取期刊(OA Journal)。根据开放程度以及是否向作者收费,OA 又分为绿色 OA,金色 OA 和铂金 OA⑤。

---

① Hilgartner S. Biomolecular Databases New Communication Regimes for Biology?[J]. Science Communication Linking Theory & Practice,1995,17(2):240-263.

② 李纲,郑重. 网络计量学核心领域研究进展[J]. 情报理论与实践,2008(2):307-311.

③ Brown C. The changing face of scientific discourse:Analysis of genomic and proteomic database usage and acceptance[J]. Journal of the American Society for Information Science and Technology,2003,54(10):926-938.

④ 王云才. 国内外"开放存取"研究综述[J]. 图书情报知识,2005(6):40-45.

⑤ Rizor S L,Holley R P. Open Access Goals Revisited:How Green and Gold Open Access Are Meeting(or Not)Their Original Goals[J]. Journal of Scholarly Publishing,2014,45(4):321-335.

尽管开放存取运动的初衷是倡导免费的、无障碍的获取和使用科学文献资源，但是期刊出版过程终归是要有人付费。在"自由、开放和共享"理念下诞生的 OA 期刊，在实际发展过程中充满了探索、博弈、反复以及各种波折，数据库出版商的逐利为期刊文献自由获取不断设置障碍。

预印本也是开放获取的另一种主要形式。物理科学是预印本发展的有利带动者。1991 年物理学家 Paul Ginsparg 建立了第一个电子化的预印本平台 arXiv.org，极大促进了高能物理科学家之间的交流。此后 arXiv 平台吸引力来自天文、数学、计算机科学、生物、统计等全世界的科学家，享有与高端期刊同等地位的学术发表平台。其他世界著名的预印本系统还有生物学领域的 BioRxiv、化学领域的 Chemrxiv 等，我国于 2003 年推出了中国科技论文在线（www.paper.edu.cn），该网站是目前国内具有影响力的预印本系统，由教育部科技发展中心主办。预印本能够促进国际合作与交流，通过提前发表模式避免因发表时滞产生的"重复劳动"。但是预印本系统在实际发展中也至少存在两个方面的问题。其一是受学科影响明显。科技论文时效性高、更新速度快，而超长的同行评审过程加上传统的印刷出版流程无疑降低了发表的时效，因而较之人文科学，生产科技论文的学科(物理、生物、数学等)更加青睐预印本系统发表。其二是受传统文献质量评价指标的制约。一直以来，论文被引频数是衡量学术成果质量的重要标准。经由预印本系统发表的文献通常未经同行评审，缺乏必要的质量控制机制，尽管一些世界著名的预印本系统上的论文知名度很高，但是相比于传统期刊，被引的概率还是低了很多，因此对一些学科，如化学学科，使用者数量就不及物理学领域。我国的科技论文在线系统最初被认可率很低，在该系统上发表的文献被引率也很低，为了提升所接受论文的质量，平台也推出"优秀学者"等栏目根据论文质量将论文分级，同时也积极与高校合作，寻求高校认可，通过这些方式改进用户对预印本系统的使用。开放存取的发展是对传统出版的重要变革，它所倡导的自由、平等、免费的理念与互联网思维具有一致性，但是受到学术交流中一些传统思想的阻碍，变革的步伐缓慢。

3.2 围绕知识生产和获取的学术交流行为过程与行为模式

(4)文献利用行为：借阅式利用向下载保存式利用转变

电子文献的大量出现正在改变科研用户利用文献的行为习惯，传统的去图书馆借阅转变为以下载成为文献利用的起点，研究表明在传统环境下用户阅读纸质文献越多，其下载电子文献的操作也就越频繁①，也说明用户使用电子资源不会因为环境的变化而受到影响，对纸质文献的翻阅过程映射为在线环境的下载操作。但是另一方面，下载并非与阅读相关联，很多论文被用户下载并保存在本地电脑上但并不会被阅读，论文的标题等成为影响用户选择阅读的因素②。

3.2.3.2 社交媒体环境下科研用户的主要行为模式

随着信息技术的进步，特别是社交媒体的出现并应用于学术交流领域，科研用户的行为模式相应发生了更为深刻的变化，这在本质体现了科学技术作为第一生产力推动科学劳动者及劳动关系变革的客观要求。社交媒体是以 Web 2.0 为代表的典型应用，可以看作是一项新技术，也可以看作是一个新环境。社交媒体以开放性、自由、去中心化为典型特征，颠覆了传统单向线性的信息传播模式，成为用户传播信息、分享信息和交流信息的新渠道。经过数年的发展，科研用户在广泛利用社交媒体进行学术交流的过程中逐渐适应、融入并使之成为科研工作的惯常，学术交流行为也出现以下新的特征。

(1)适应以"微知识"为基础的阅读模式

微知识是指图书馆等信息服务机构、数字出版发行商、学术新媒体服务平台对文献或知识进行分解、萃取经过提炼、加工，将精选标题项、作者项、摘要项、图片项、参考文献项等内容制作成更

---

① Liu X, Bollen J, Nelson M L, et al. Co-authorship networks in the digital library research community[J]. Information Processing & Management, 2005, 41(6): 1462-1480.

② 林佳瑜. 论文下载次数与阅读使用次数的调查分析[J]. 图书馆杂志, 2012, 31(3): 36-39.

第3章 学术交流行为：过程与模式

细粒度的知识单元，信息的形式不仅限于文本，也包括作者录制的视频和音频等。这些社交媒体上广泛传播的微内容具有数量庞大、易于与其他知识关联、传播速度快、传播范围广等特征，科研用户作为信息传播链上的一个环节能够方便的获取并阅读这些微知识，几乎不需要付出任何经济的成本，因而阅读微知识开始融入科研用户的日常生活中。针对青年学者学术阅读行为的调查也表明，微知识阅读成为学术用户信息积累的主要方式①。

（2）利用学术社交网站搜寻与获取知识

学术社交网站如 ResearchGate 等存储了由用户自发上传的大量文献，几乎成为一个大型的文献数据库。与数字出版商提供的文献服务相比，社交媒体上的文献几乎不收取任何费用，并向所有人平等开放，同时与数字图书馆文献搜索相比，社交媒体搜索又具有一站式搜索的便捷性，允许用户直接通过使用搜索引擎访问全文资源②，因而成为许多科研用户获取文献的首选方式③。除了正式发表的文献，社交媒体上还保存有大量用户自发上传的"灰色文献"，如机构成员的会议讨论稿、科学报告、学术机构内部出版物、学术会议的 PPT 等，这些信息具有知识的属性，但是未被纳入公共出版的渠道，在社交媒体技术支持下，一些灰色文献能够被方便的获取，融入学术交流过程中，社交媒体也成为科研用户获取灰色文献的重要场所④。

（3）采用自存储平台辅助论文发表

自存储平台是指在社交媒体技术基础上产生的服务于各学科的

---

① 苏静，曾元祥.我国青年学者学术阅读与出版行为研究[J].出版科学，2017，25(2)：64-67.

② 张静，黄永文.数字开放环境下用户信息资源利用模式研究[J].数字图书馆论坛，2014(5)：20-25.

③ Jamali H R, Nicholas D, Herman E, et al. National comparisons of early career researchers' scholarly communication attitudes and behaviours[J]. Learned Publishing, 2020, 33(4)：1-15.

④ 刘佳.基于网络的学术信息交流方法与模式研究[D].长春：吉林大学，2007.

3.2 围绕知识生产和获取的学术交流行为过程与行为模式

学术论坛、网站、机构知识库、学科知识库等。自存储运动的兴起取决于两个基本的条件：其一是传统学术出版存在极大的局限性，严重影响了知识传播的效率，亟待变革；其二是社交媒体提供了发展自存储平台的技术支持，为用户自由表达学术思想提供了可能性①。自存储平台的出现加快了文献交流与发表的速度，但是在自存储发展的初期，科研用户对这一概念的认识非常有限②，利用自存储平台进行论文发表的意愿低，而随着自存储技术的完善以及科研用户认识水平的提升，有越来越多的用户开始利用自存储平台发表未正式出版的论文，其中科学、技术和医学领域的学者比人文社科领域学者的接受度更高③。

（4）获取来自公众的反馈与评价意见

基于社交媒体技术允许参与者发表对阅读的文献提出反馈信息，在不同的平台上这种意见的反馈可以有不同的具体形式：在博客网站上，用户可以进行评论和留言；在微信公众号上，用户可以进行转发、回复、点赞；在学术社交媒体上，用户可以跟随、评论、回复、转发和引用。大量、多元的评价反馈信息是启发新知识的源泉，在知识提供与反馈的交互过程中，知识原创者汲取公众评论的智慧，启发新的学术思想，同时也因为持续获得了正向反馈，激发了获得个人成就、认同、荣誉内在驱动力，激励科研用户成为积极的知识贡献者，增加他们主动贡献和传播知识的行为④。除了能够获取反馈信息，科研用户利用社交媒体发布知识的行为也能获

---

① 袁顺波. 科研人员对自存储的认知及参与行为研究综述[J]. 情报资料工作，2018(2)：71-79.

② Watson S. Authors' attitudes to, and awareness and use of, a university institutional repository[J]. Serials：The Journal for the Serials Community，2007，20(3)：225-230.

③ Manjunatha K, Thandavamoorthy K. A Study on Researchers' Attitude towards Depositing in Institutional Repositories of Universities in Karnataka (India)[J]. International Journal of Library and Information Science，2011，3(6)：107-114.

④ 崔慧仙. 网络时代的学术交流[D]. 上海：华东师范大学，2011.

取良好的社会评价，提升其文献的可见度和学术影响力，具体体现在文献被引次数增加以及替代计量指标量的增长①②。

3.3 围绕科研合作关系构建的学术交流行为过程与行为模式

本节中将首先分析互联网环境以社交媒体为典型代表的信息技术在构建科研合作关系中的价值和作用，在此基础上分析科研合作行为的一般过程，接着以科研众包为例，分析一类典型的科研合作行为模式。

3.3.1 社交媒体对科研合作的影响

现代科学活动的复杂性、综合性、跨学科性的特征日益明显，开展科研合作是实现科研创新的重要途径③。基于 Web 2.0 的社交媒体具有的参与性、兼容性、协作性特征为促成科研合作提供了条件和机会。社交媒体在以下四个方面影响到科研合作关系的构建。

（1）重塑科研人员的主体本位

传统的合作模式通常存在于自上而下的组织体系中，这种合作关系的建立看似稳固但是这种稳固建立在负责人长期稳定存在的基础上，一旦体系变动、负责人离开，整个合作关系可能就不复存在，除此外，这种合作关系也缺乏生机。社交媒体为科研人员提供了平等参与科研合作的机会，在一个由科研人员通过自组织形成的

---

① Antelman K. Do Open-Access Articles Have a Greater Research Impact？［J］. College & Research Libraries，2004，65(5)：372-382.

② 赵蓉英，郭凤娇. Altmetrics：学术影响力评价的新视角［J］. 情报科学，2017，35(1)：14-18.

③ Beaver D D. Reflections on Scientific Collaboration (and its study)：Past，Present，and Future［J］. Scientometrics，2001，52(3)：365-377.

3.3 围绕科研合作关系构建的学术交流行为过程与行为模式

网络中,每个人的参与都是基于兴趣,每个人都可以找到位置,成为社区中的一个节点,又因为个体是自愿参与,更易于发挥积极性、主动性和价值,因此这种合作关系更紧密、长久和稳固。

(2) 形成面向知识供需匹配的合作机制

科研合作的本质是知识的供需匹配①。在传统环境下,科研合作关系大多具有路径依赖性,由于历史原因结合在一起,"偶遇"合作者的概率极低,合作关系很难被新建。社交媒体以极低的通信成本、在短时间内可以聚集广泛的群体,同时可以为双方从深度和广度上增进了解提供广泛的技术支持,双方主体利用社交媒体进行实时互动,不受时空的限制,使彼此更好地了解对方,建立互信,加快合作关系的确立。

(3) 极大扩展了科研合作参与者的边界

科学研究应该是一个社会过程,需要社会成员的互动和沟通,但是在传统环境下,缺乏支持开放式科研的技术设施,科学合作也被局限在一个有着固定边界的关系范围内,社交媒体重塑了科研活动的过程,通过技术解构使科研过程中某个环节或多个环节实现对外开放,广泛吸纳外部力量参与,扩大协同研究的机会、科研资源公开的程度以及促成了更多的共享合作行为。在这一过程中,科研合作参与者的边界被无限扩展,"科研工作者"的范围不仅仅局限于高校、科研院所、高新技术企业,还包括普通公众中那些在某个知识领域拥有技术和专长的科学爱好者和普通志愿者②。

(4) 提升、实现科研合作的质量和效益

已有研究中对科研合作目的的划分主要包括两类③:实现知识创新和实现知识应用,前者强调合作的目的在于改善合作者的知识

---

① 赵付春,邓少军. 社交媒体对科技创新网络的影响[J]. 中国科技论坛, 2015(2): 32-36, 78.

② 樊文强,王志博,韩颖颖. 开放式科研模式分析及对高校科研运作的改变[J]. 现代远程教育研究, 2016(3): 59-68.

③ 李峰,缪亚军. 个体科研合作行为研究述评[J]. 科技进步与对策, 2015, 32(23): 156-160.

结构、产生新的想法和思路；后者也被称为"基于财富的合作"（property-focused collaboration）①，强调合作的目的在于通过应用知识产生效益。在传统非网络技术环境中，这两类目的是存在明确界限的：面向知识创新的科研合作通常存在于科研工作者之间的，合作的目的在于改进方法、分享研究经验，或者是通过知识互补解决跨学科的问题；而面向知识应用的科研合作主要存在于企业、高校和科研机构之间进行的产学研合作，目的在于促进优势自愿互利互补，实现将知识转化为生产力。基于社交媒体开放式创新（Open Innovation）理念的提出促进了两类目的的融合，科研人员可以在不同身份中自由转换，根据需要，既可以以科学家的身份参与知识创新和跨学科问题的解决，也可以作为组织的单元参与到知识应用的活动中，与其他合作者一起致力于组织问题的解决，在角色转变的同时实现了知识的转移、增值和转化。

3.3.2 互联网技术支持的科研合作行为过程及影响因素

科研合作行为是指信息用户为了达成自己的科研目标或者为了生产新的知识的目的而进行研究互助的行为活动②。行为主体在开展知识创新、跨学科问题研究过程中因为受到自身知识的局限，需要寻求合作者的知识和帮助，社交媒体平台充当了"中介人"的角色，建立起合作信息需求双方的桥梁。如图 3-5 所示，寻求科研合作的用户主体在社交媒体平台的主要行为阶段包括四个：信息发布行为、信息传播行为、信息交互行为以及信息利用行为。在每个行为阶段包括行为动机、行为主体、行为客体、环境以及行为结果等要素。

---

① Bozeman B, Fay D, Slade C P. Research collaboration in universities and academic entrepreneurship: the-state-of-the-art[J]. Journal of Technology Transfer, 2013, 38(1): 1-67.

② 严炜炜. 科研合作中的信息需求结构与协同信息行为[J]. 情报科学, 2016, 34(12): 11-16.

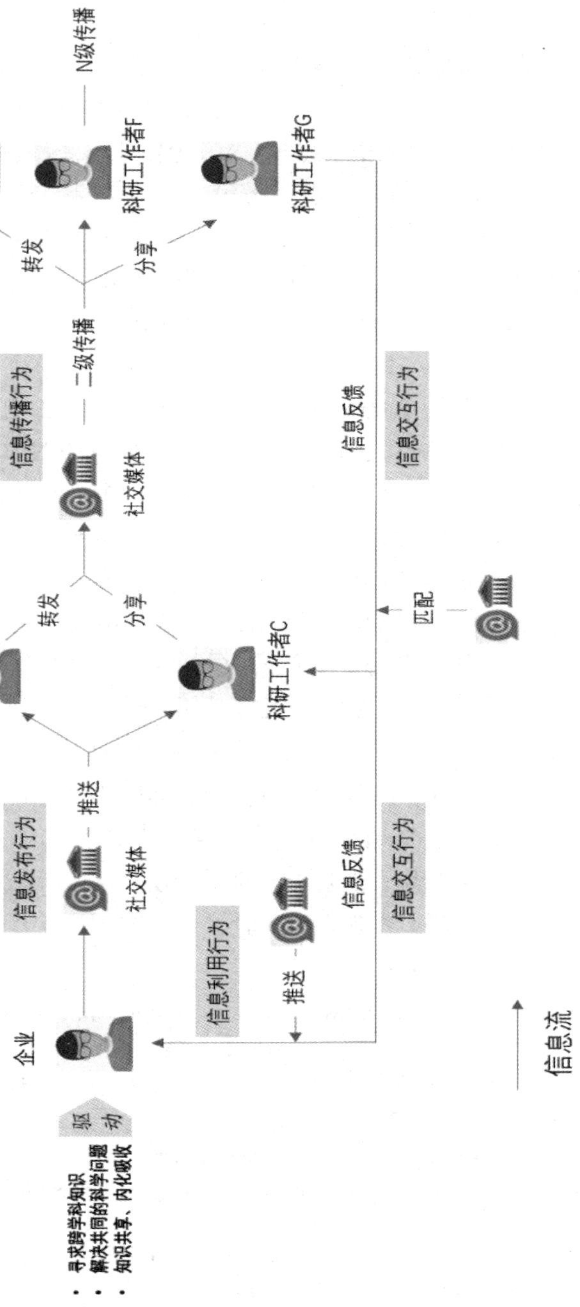

3.3 围绕科研合作关系构建的学术交流行为过程与行为模式

图3-5 社交媒体技术支持的用户科研合作的一般过程

第3章 学术交流行为：过程与模式

(1) 信息发布行为

科研合作的动机通常是主体为了完成某项科研工作或解决科学问题寻求相应的跨学科知识，首先是选择利用社交媒体平台发布学科问题。在这一行为阶段中，行为的主体是寻求合作对象的科研用户，行为的客体是与学科问题有关的信息。社交媒体平台提供信息收集和存储服务，将主体输入的文本信息进行加工，形成微小粒度的信息，提取关键词、主题或领域形成标签，实现对信息资源有效的整合、分类和排序，为有针对性地推送信息做好准备。

社交媒体参与的信息发布行为受到多种因素的影响，可以划分为三类：与行为主体有关的因素，与行为客体有关的因素以及与技术环境有关的因素。与行为主体有关的因素包括个体基本特征，如年龄、性别、科研经历、学科专业、对社交媒体的使用偏好、心理和表达意愿等，也包括社会因素的影响，如信任。年龄和科研经历具有一致性，是影响科研用户行为的重要影响因素，对年龄的衡量也有多个维度，如获得博士学位的时间、从事科研工作的工龄等，研究表明年轻研究人员更愿意使用学术社交媒体①，而在一项针对在线知识社区用户发帖行为的研究中发现，性别是影响用户行为的因素②。此外，不同学科的学者对社交媒体的接受和使用目的也存在较大差异，自然科学领域的学者更偏好利用预印本系统首发论文③，理工学科学者与人文管理学科学者使用学术社区的行为模式不同④。王站平等研究发现在科研合作建立的初试阶段，影响因素

---

① Ortega J L. Disciplinary differences in the use of academic social networking sites[J]. Online Information Review, 2015, 39(4): 520-536.

② 吴江, 周露莎. 在线医疗社区中知识共享网络及知识互动行为研究[J]. 情报科学, 2017, 35(3): 144-151.

③ Zha X, Jing L, Yan Y. Understanding preprint sharing on Sciencepaper Online from the perspectives of motivation and trust[J]. Information Development, 2013, 29(1): 81-95.

④ 徐美凤, 孔亚明. 基于多主体建模的学术社区知识共享行为仿真分析[J]. 情报杂志, 2013, 32(4): 161-165, 176.

3.3 围绕科研合作关系构建的学术交流行为过程与行为模式

包括个体因素、人际因素和社区因素,其中个体因素包括自我效能、结果预期、感知有用、利他、行为态度、主观规范、知觉行为控制等;人际因素包括互惠、共同愿景、熟悉和信任;社区因素包括社区氛围、社区信任和社区激励①。与行为客体有关的因素包括信息的形式和类型、信息的质量、信息的数量等。其中信息的类型包括音频、视频、文本和图片等,科研用户发布需求信息时采用的文字字符长度、图片数量和清晰度、视频时长等会对信息内容表达产生影响,也会影响系统传输的效率、内容在系统中生产的难度,进而影响信息的准确发布。研究认为一个质量良好的图片信息更有助于聚焦用户的注意力②,提升信息发布的质量。类似的,信息的质量和数量也是信息发布主体需要考虑的因素,尽可能使需求信息全面、完整、易于理解的呈现是科研人员发布信息的目的。与技术环境有关的因素集中体现在社交媒体平台的服务质量方面,具体又包括两个维度:系统维度和服务维度。系统维度的因素体现在行为主体在使用系统过程中对发布信息易操作性的感知,包括导航的清晰性、页面设计、功能菜单的布局等;服务维度包括社交媒体平台对信息的筛选、组织和存储,信息处理的效率,信息加工的深度,信息推送的准确性等。

(2)信息传播行为

在科研合作中,信息传播行为是行为主体的一个重要的行为阶段。在这一行为阶段中,行为主体是传播需求信息的科研用户,行为客体是与学科问题有关的信息。行为主体为了实现信息传播的效果,也在尝试不同的信息传播渠道,评估不同信息传播渠道的功能与效率,从而选择最适合的信息传播渠道及其功能。这一阶段的技术环境是社交媒体平台提供的信息传播服务,不同平台提供的具体功能不同,如新浪微博允许用户对浏览的信息进行评

---

① 王战平,刘雨齐,谭春辉,等.虚拟学术社区科研合作建立阶段的影响因素[J].图书馆论坛,2020,40(2):17-25.

② 李宇佳.学术新媒体信息服务模式与服务质量评价研究[D].长春:吉林大学,2017.

论、回复、收藏和点赞；学术微信公众号对用户感兴趣的信息有更高的推送频率、提醒方式；小木虫网站定期评选"热门帖""推荐帖""精华帖"等在论坛置顶，使信息具有高可见度，增加信息被获取和传播的机会。行为主体通过评估和选择适合的平台实现信息的传播。

在这一行为阶段，影响行为结果的主要因素，同样包括行为主体相关、行为客体相关和技术环境相关，三类因素比较起来，技术环境相关的因素产生的影响最大，各平台提供的信息传播机制和信息服务功能在某种程度上直接决定了信息传播的效果，影响到行为主体的信息交互以及最终科研合作的实现。

（3）信息交互行为

在科研合作中，信息交互行为的主体是交互的双方或多方（"一对一"或者"一对多"的形式），行为的客体是互补型或增强型的知识。在这一行为阶段包括了多个行为主体，行为主体不再是最初需求信息的发布者，信息被社交媒体平台传播、扩散，不断有新的主体加入，利用信息服务商提供传播机制进行信息转发、评论、回复或点赞的活动，不断实现对信息的转移、共享的操作。行为的技术环境是社交媒体平台为实现主体间信息的交互提供的信息搜索机制和信息匹配机制。信息搜索机制是指通过对初始信息进行组织和加工，提供关键词检索或话题检索功能，方便行为主体通过检索服务有效获取目标信息，为双向交互提供了前提条件。信息匹配机制是指通过对双方交互的信息进行分析，对主体个人知识结构、专业兴趣领域、资源需求等数据进行清洗和预处理，在此基础上，建立数据之间的关联规则、对数据进行加工和计算，进入个性化推送系统，寻找目标对象主动推送个性化的信息，增加双方信息需求匹配概率。这一行为阶段的目的是实现信息交互，寻找行为主体需要的具有互补或增强功能的知识，为改进行为主体的知识结构，促进双方合作共同形成完整的跨学科解决方案提供条件。

行为主体间信息交互的行为包括转发行为、评论行为、回复行为、点赞行为等，交互效果的实现也受到多种因素的影响。如赖胜强等基于ELM理论研究了社交媒体用户的信息转发行为，发现信

3.3 围绕科研合作关系构建的学术交流行为过程与行为模式

息内容的有用性、有趣性、信息传播者的可信度对转发行为具有显著影响，前两者通过中枢路径影响用户的转发行为，后者通过边缘路径影响用户的转发行为①。王少剑等基于信息行为理论和消费者行为理论构建了用户转发意愿的研究模型，发现微博用户对内容质量的感知影响风险感知和信任，对内容质量的感知、风险感知和信任影响用户的信息转发意愿②。邢变变等研究了档案微信公众号用户的点赞行为，认为档案微信公众号信息传播内容和服务方式影响用户点赞的强度③。徐美凤等研究认为学者利用学术社交网站回帖的行为影响因素包括自我效能、激励以及成员对社区管理的信任等④。

（4）信息利用行为

在科研合作中，信息利用是行为双方或多方成功实现知识转移、内化的阶段，也标志着行为主体合作关系的达成。行为客体是互补型或增强型的知识，通过社交媒体平台提供的信息最终使行为主体获取所需要的知识，实现了主体知识结构的更新、促成主体间的知识和资源的共享。在这一行为阶段中，影响信息利用效果的主要因素，同样包括行为主体相关、行为客体相关和技术环境相关三类，比较起来，行为主体相关的因素产生的影响最大，行为主体对知识的内化、吸收、理解能力在某种程度上直接决定了信息利用和持续科研合作的实现。王战平等基于质性研究方法对虚拟社区科研人员持续合作动机进行研究发现自我实现和利他是主要影响因素，而在合作初期的合作动机主要是功利动机⑤。

---

① 赖胜强，唐雪梅.基于ELM理论的社会化媒体信息转发研究[J].情报科学，2017，35(9)：96-101.

② 王少剑，汪玥琦.社会化媒体内容分享意愿的影响因素研究以微博用户转发行为为例[J].西安电子科技大学学报(社会科学版)，2015，25(1)：19-26.

③ 邢变变，刘佳敏.使用与满足理论视域下档案微信公众号用户"点赞"行为动机调查研究[J].档案管理，2018(5)：74-77.

④ 徐美凤，叶继元.学术虚拟社区知识共享行为影响因素研究[J].情报理论与实践，2011，34(11)：72-77.

⑤ 王战平，何文瑾，谭春辉.基于质性分析的虚拟学术社区中科研人员合作动机演化研究[J].情报科学，2020，38(3)：17-22.

综上所述可以看出，在传统非网络环境下，由于信息传递时间、空间的局限性，个体之间建立科研合作关系往往局限于以"人"为信息传递的中介，合作对象的范围狭窄、合作信息搜寻成本高，建立信息沟通的渠道主要是信件、学术会议、学术讲座等，信息沟通的效率低，科研信息资源共享难度大，也由于缺乏有效的信息保障，所形成的科研合作关系稳定性较差，关系维系成本较高。基于 Web2.0 交互技术的社交媒体平台为建立个体之间的科研合作提供了更广泛的机会，通过改变科研合作关系构建的技术基础引导和主体参与合作的行为提升合作效率。

3.3.3　基于科研众包的科研合作行为模式

3.3.3.1　科研众包的基本概念

众包的概念类似于软件开发领域中开放源代码的方法。网络众包(Network Crowdsourcing)的理念最早提出于 2006 年，是指企业、组织或者机构把本应内部职工完成的工作或者创新任务，在自主自愿的情况下通过第三方网络平台或社交媒体，外包给组织外部的其他企业、人员或团队来完成①。网络众包的概念提出后也迅速得到商业界的关注，一批网络众包平台纷纷建立帮助多企业、组织、机构开始利用平台匹配的优质外部知识完成原先需要内部研发部门创新工作，积极争取来自企业边界以外的资源进行开放式创新②，对于外部提供知识的一方，如创客团队、个人、极客等也可以通过贡献的知识为自己赢得利润。

网络众包的理念同样也快速应用于科研领域，推动众包从商业模式向科研合作模式拓展。科研众包尚没有一个统一的概念，理论

---

①　刘铁铮. 共享经济视角下海尔 HOPE 开放式创新平台创新模式的研究[D]. 济南：山东大学，2019.

②　严炜炜. 科研合作中的信息需求结构与协同信息行为[J]. 情报科学，2016，34(12)：11-16.

3.3 围绕科研合作关系构建的学术交流行为过程与行为模式

界的一些共识包括：众包项目由科研机构或科学家发起，活动的目的是进行科学发现和解决科技问题①。科研众包本质是一种新型科研合作模式，"新"具体体现在两个方面。首先，参与科研合作的主体及人数阈值没有设定。在科研众包平台上，科研活动被完全置于一个开放的环境中，面向科学问题的解决最大限度汇聚智力资源。其次，同步实现了知识创新与知识应用的双重目的。科研众包平台如同一个庞大的虚拟科研机构，广泛汇聚了各类主体，包括以基础研究为优势的高校人才，以应用基础研究为优势的科研院所人才以及侧重应用开发的企业人才，解决的科研问题涵盖了基础研究和应用研究，在各方协同合作的过程中，突破了原有创新链分工的定式思维，优化了各方合作的流程，缩短了知识传递、转化、创新到应用的进程。

现有文献主要从科研众包的基本理论、平台类型、平台特征、业务流程、影响和优势等与平台运营有关的要素进行了研究②，形成了丰富的研究成果。从不同分类视角、依据不同的分类标准可以对科研众包平台做出不同的划分，如根据科研众包的网络特征，划分为综合型众包网络、链型众包网络和星型众包网络等；根据科研众包的组织合作模式，划分为竞赛模式、社区模式、端对端模式等；根据众包项目发布者的特征，划分为虚拟社区型、悬赏型、指定任务型、招标型等。从知识管理和信息行为理论的角度，科研众包实质是发包方提出所需知识需求与接包方提供相应知识的匹配过程③，尽管有不同的划分类型，但是科研众包平台服务于主体之间知识匹配的本质不会改变。下文将以信息行为理论为基础，重点从科研众包平台参与者行为的角度，分析科研众包模式中的行为驱动因素、行为主体、行为客体、技术环境以及行为效果及影响因素，

---

① 魏颖，李妃养. 基于象限划分新视角的我国科研众包平台特征分析及趋势判断[J]. 科技管理研究，2018，38(20)：215-221.

② 庞建刚，刘志迎. 科研众包参与主体及流程的特殊性[J]. 中国科技论坛，2015(12)：16-21，32.

③ 赵宇翔，刘周颖. 知识众包社区中用户参与意愿的实证研究：基于虚拟社区归属感的视角[J]. 情报资料工作，2018(3)：69-79.

在此基础上揭示科研众包平台辅助科研工作者建立科研合作关系的路径和内在机理。

3.3.3.2 科研众包模式及影响因素

科研众包过程通常包括以下四类要素。①行为主体：是科研问题的发布者和科研问题的解决者，可以是个人、机构或企业，个人主体包括科学家，具备某方面专业技能的科学爱好者或者是闲暇时间的科研人员等。②行为客体：既包括有形的产品也包括无形的服务。③技术环境：主要包括科研众包平台提供的技术支持和服务，科研众包平台是第三方组织，现有代表性的平台包括 Yet2.com、Kaggle、InnoCentive、Mazon Mechanical Turk、猪八戒网、任务中国、易科学等。④行为结果：是实现知识的转移、共享、交流与协作。根据科研众包活动流程，主体的行为包括：发布科研众包任务行为，接收科研众包任务行为，提供解决方案的行为以及采纳解决方案的行为。图 3-6 对科研众包一般过程进行了描述，下文将逐一分析四类行为及驱动影响因素。

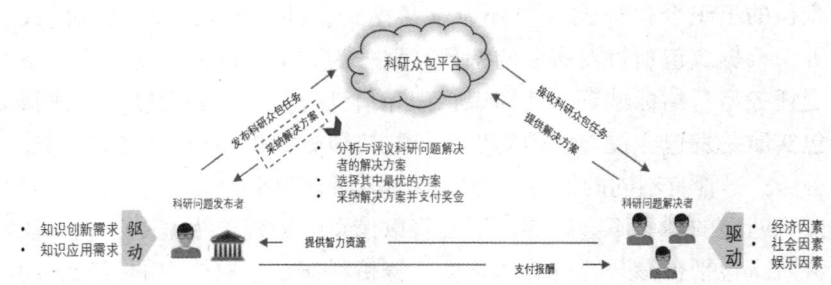

图 3-6　科研众包用户的行为过程

（1）发布科研众包任务

科研问题发布者通常面临科研难题或技术创新的挑战而亟须要获取所需要的知识，发布众包任务的驱动力来自创新需求，发布科研众包任务的行为可以看作是一种特殊类型的知识搜寻。科研问题

3.3 围绕科研合作关系构建的学术交流行为过程与行为模式

发布者的身份通常需要首先通过网站确认,才能在网站规定的对应内容处完成发布项目任务、持续时间、奖金金额等信息的操作。不同的网站科研任务发布者的身份不同,具有多样化的特征,如在 Innocentive 网站,科研任务的发布者包括来自全球 500 强的企业,而在知乎网站,科研任务的发布者主要是个体科研人员或科学爱好者。发布众包任务通常是复杂性的专业问题,对问题解决者的专业知识水平、专业功底的要求较高。

在这一行为阶段中,主要存在科研问题发布者与科研众包网站的交互,众包任务的成功发布主要受到问题发布者的影响,以及科研众包网站的影响,前者包括人口统计特征①、对科研众包网站的信任等社会因素②;后者包括科研众包网站的易操作性、界面设计、网站的管理机制等。

(2)接收科研众包任务

科研问题解决者接收科研众包任务的行为过程包括需要实名登录科研众包网站平台,搜寻相关的项目,阅读任务的具体要求,对任务的难度进行判断,对任务要求的知识与自身专业能力进行匹配,确认可以参与项目,完成接收科研众包任务的操作。

在这一过程中主要存在科学问题解决者与科研众包网站的交互,影响众包任务接收的关键因素在于科学问题解决者的参与意愿。总体上,影响因素分为内在动机和外在动机,外在动机包括可获得的奖励、公众的认可、社会压力、拓展职业等,内在动机包括自我表达、自我挑战、获得乐趣、社交需求、技能培养等③。在科研众包平台,参与解答问题的意愿更多受到来自内在动

---

① Zou L, Zhang J, Liu W. Perceived justice and creativity in crowdsourcing communities: Empirical evidence from China[J]. Social Science Information, 2015, 54(3): 253-279.

② 张铁山,肖皓文. 众包中接包方参与影响因素研究综述[J]. 北方工业大学学报, 2017, 29(4): 126-133.

③ 肖皓文. 基于社会认知理论的接包方参与众包的影响因素研究[D]. 北京:北方工业大学, 2017.

机的影响①。不同网站，因为具体的管理机制不同对科研众包参与者参与动机的影响也不同，如在 Taskcn 网站上提高奖励能促进任务完成的数量和质量，而更多参与者参与 InnoCentive 网站是为了获得解决问题的成就感和充实业余时间。科研众包平台也对众包参与者的行为产生影响，主要体现在平台网站的管理机制的设计方面，具体包括交易机制、定价机制、诚信与防范机制以及激励机制等方面。①交易机制：这一类型较多，不同科研众包平台采用了差异化的交易机制，典型的类型包括竞争模式和合作模式，前者的特征是众包活动参与者之间存在竞争关系，参与者先完成任务后由任务发布方决定最满意的方案，提供预设的奖励；后者的特征是众包活动参与者之间是平等协作的关系，共同完成任务发布方的任务要求，体现每个参与者的价值。②定价机制：包括科学问题发布者如何设计奖励的额度和范围，科学问题解决者能根据提供的知识或提供的服务给出价格，双方达成一致的定价。③诚信与防范机制：包括众包平台的监督反馈、知识产权的保护、赏金托管制度等。这些制度设计都会对众包参与者的参与行为产生影响。④激励机制：是科研众包平台制度设计中的重要方面，被认为是平台成功的关键。各类平台构建了具有特色的激励机制，以 InnoCentive 为例，其构建了三层次协同激励机制模式：第一层次是显性激励与隐性激励互补，第二层次是活化激励，第三层次是涌现激励，三个层次涵盖了众包整体过程②。

（3）提供解决方案

科研问题解决者提交解决方案的行为受到内在和外在驱动力的影响，包括获得奖励、获得乐趣、社交需求等，这一过程具体可以划分为两个阶段：对任务信息的理解和接受，以及对自身能力、知

---

① Zhao, Chris Y, Zhu, et al. Effects of extrinsic and intrinsic motivation on participation in crowdsourcing contest A perspective of self-determination theory[J]. Online information review，2014，38(7)：896-917.

② 孙新波，张明超，林维新，等. 科研类众包网站"InnoCentive"协同激励机制单案例研究[J]. 管理评论，2019，31(5)：277-290.

3.3 围绕科研合作关系构建的学术交流行为过程与行为模式

识与任务要求的匹配。从知识管理的角度，上述两个阶段的活动包含了信息转化和知识转化的过程：首先，科研问题解决者吸收了外显化的任务信息并转化为内在的认知；接着，将隐藏在问题解决者头脑中的隐性知识，通过科研众包平台提供的匹配过程外显化，在实现主体自身知识价值的同时促进了知识的传播和流动。

科研问题解决者提供解决方案的效率和质量受到多方面影响的因素，包括信息因素、科研问题解决者相关因素以及科研众包平台环境相关的因素。信息因素是指科研问题发布者对众包任务的描述是否清晰、表达是否准确、任务的复杂程度等，如一项基于 task.cn 的研究发现关于的任务语言描述清晰、短小，解决思路大众化的创新问题更易获取解决方案，相反，复杂度高、需要创造性的任务通常要等待更长的时间才能获得解决方案①。科研问题解决者相关的因素包括所拥有的学科专长、专业能力、自我效能感、回复问题的技巧等。如研究发现知乎社区中问题解决者根据任务的复杂度判断自己的表达能力、专业知识和专业技能后，如果感到自信就会积极提供解决方案②。科研众包平台环境相关的因素是指给众包参与方带来的信任感、社区氛围及用户黏性。如一些科研众包平台提供股权奖励计划吸引更有效的解决方案，高效的监督管理制度营造了良好的社区氛围，帮助问题解决者积极贡献知识。

(4) 采纳解决方案

采纳解决方案的行为主体是最初的众包任务发布者，但是这一行为阶段中也包括了两个关键的环节：首先是方案的评价与遴选，其次才是众包任务发布者对方案的采纳。第一环节的工作通常是科研众包平台辅助完成。在科研问题解决者提交的各个方案基础上，科研众包平台会组织相关人员进行比较、判断和选择，从中遴选最

---

① Estelles-Arolas E, Gonzalez-Ladron-De-Guevara F. Towards an integrated crowdsourcing definition[J]. Journal of Information Science, 2012, 38(2): 189-200.

② 赵宇翔, 刘周颖. 知识众包社区中用户参与意愿的实证研究：基于虚拟社区归属感的视角[J]. 情报资料工作, 2018(3): 69-79.

优的方案，特别是当科研问题的复杂程度高、解决方案数量多的情况下，方案遴选过程往往要花费较长的时间和精力来完成。众包任务发布者在获得最优方案后如果满意，即向科研问题解决者兑现奖励承诺，科研众包任务完成。

在这一过程中影响最终方案采纳的因素包括两类：与科研众包平台相关的因素以及与众包任务发布者相关的因素。与科研众包平台相关的因素包括对解决方案的遴选和评价机制，关系到最终推荐给任务发布者的方案是否能得到采纳。众包平台的组织者通常会根据任务的复杂程度和方案的数量决定启动何种遴选方式，如 Mazon Mechanical Turk 会成立专家组对复杂度高的方案提供支持①，而有些时候只需要挑选出符合平台设定框架和规范的方案即可完成推荐工作②。与众包任务发布者相关的因素包括发布者的个体特征、对方案内容质量的感知等。由于科研众包平台上的众包任务都是无形的产品，对其质量的衡量难以采用一个统一的、"零误差"的标准，因而对知识型产品质量的评价更多基于"消费者"体验的主观判断，即最终方案的标准是是否满足众包任务发布者的心理预期和需求。

本章重点研究了两类学术交流行为，一类围绕知识生产和获取的学术交流行为，另一类围绕科研合作关系构建的学术交流行为，分别对每类行为中包含的主要行为阶段、行为动机、行为主体、行为客体、环境因素、行为结果及影响因素进行分析，系统展现两类行为代表的科研用户学术交流行为的一般过程，在此基础上也分别对两类行为中包含的具体行为模式进行了分析。在围绕知识生产和获取的学术交流行为中，社交媒体技术带来了用户行为模式的改变，具体表现为：适应以"微知识"为基础的阅读模式；利用学术社交网站搜寻与获取知识；采用自存储平台辅助论文发表；获取来

---

① Cokely E T, Galesic M, Schulz E, et al. Measuring Risk Literacy: The Berlin Numeracy Test[J]. Judgment and decision making, 2012, 7(1): 25-47.

② 庞建刚, 刘志迎. 科研众包参与主体及流程的特殊性[J]. 中国科技论坛, 2015(12): 16-21, 32.

3.3 围绕科研合作关系构建的学术交流行为过程与行为模式

自公众的反馈与评价意见。在围绕科研合作关系构建的学术交流行为中，研究了一种科研合作的典型模式——科研众包，从科研众包平台参与者行为的角度，具体分析了科研众包平台如何辅助科研用户建立科研合作关系。

第4章 科学2.0时代用户的学术信息需求

科学2.0时代陆续出现了一些专门为科学家群体服务的社交媒体平台,如ResearchGate、Academia.edu、Mendeley、小木虫、丁香园等。与通用的社交媒体平台相比,学术社交媒体平台旨在为科研用户提供更专业和细化的服务。学术社交媒体提供服务的前提和基础是对科研用户学术信息需求的调查,需求是行为的起点,是行为产生的源动力。用户在科研活动过程的各个阶段,包括知识生产、知识传播、知识搜寻、知识利用以及建立学术合作关系等都存在学术交流活动。用户选择使用社交媒体技术进行学术交流活动的行为受到不同层次、不同类型需求的驱动。因此,本章将基于科研生命周期理论对科研活动的主要阶段进行划分,通过扎根理论和结构化访谈方法探索和分析在科研活动的不同阶段科研用户的学术信息需求,进而通过完善学术社交媒体平台的服务为科研用户提供一个更为有效的学术信息获取和学术信息交流平台。

4.1 理论基础

科研生命周期(Research lifecycle)是使用生命周期的方法描述科研活动,反映了科研活动具有"连续性、不可逆转性和循环迭代性"的特征①,其本质是一个用于描述科学研究过程的分类体系。由于研究科研生命周期理论的主体、研究目的等存在差异,对科研生命周期模型的划分方式也不尽相同。如美国明尼苏达大学将科技创新的工作流程总结为发现、收集、创造、共享的过程②。英国科学与技术设施研究理事会(Science and Technology Facilities Council,STFC)提出数字化环境下的科研模型③。张晓林提出了科研活动的知识生命周期理论④。英国联合信息委员会(JISC)在 Research 3.0 中提出了科研生命周期的理论,将研究分为形成概念、寻求合作、课题申请写作、执行研究、出版 5 个部分,并在执行研究阶段形成模拟、试验、观察,数据管理,数据分析,数据共享 4 个子周期⑤。科研生命周期框架能够为度量科研人员的信息需求提供方法论的支持,后文将基于 JISC 提出的科学研究生命周期理论构建研究框架。

4.2 扎根理论

扎根理论(Grounded Theory,GT)是一种定性研究的方式,扎根理论的主要思想是依据经验资料建立理论框架,从哲学上看,该方法基于后实证主义的范式,强调对已经建构的理论进行证实⑥。

---

① 马费成,望俊成. 信息生命周期研究述评(Ⅰ)价值视角[J]. 情报学报,2010,029(5):939-947.

② Libraries U. A Multi-Dimensional Framework for Academic Support:Final Report[D]. America:University of Minnesota Minneapolis,2006.

③ Lambert S C. E-infrastructure, science data and CRIS[J]. Data Science Journal,2010,9:53-58.

④ 张晓林. 从数字图书馆到 E-Knowledge 机制[J]. 中国图书馆学报,2005(4):5-10.

⑤ Tenopir C, Allard S, Douglass K, et al. Data Sharing by Scientists:Practices and Perceptions[J]. Plos One,2011,6(6):1-21.

⑥ 陈向明. 扎根理论的思路和方法[J]. 教育研究与实验,1999(4):58-63,73.

扎根理论的特点是从经验事实中抽取出新的概念，再通过分析这些概念之间的联系构建相关的社会理论，由此，具有经验证据支持是扎根理论的重要特征。扎根理论实施的典型步骤包括：经验观察、对原始资料的分析和归纳、分析资料语句之间的关系，上升到理论性的结论。根据 Pandit 的研究，编码工作是扎根理论的核心步骤①。

扎根理论的实施过程见图 4-1 所示。

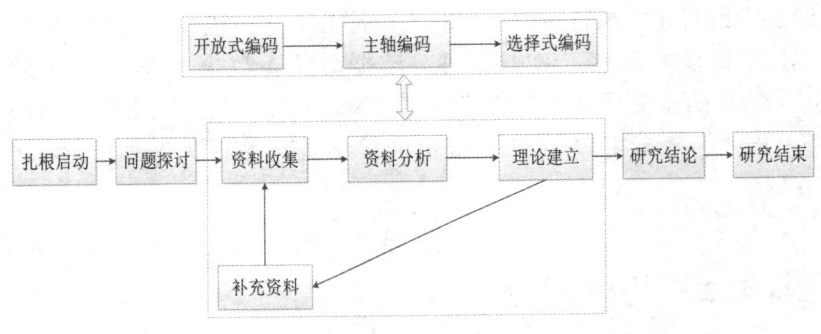

图 4-1 扎根理论研究流程

4.3 研究流程

4.3.1 样本获取

遵照质性研究中非随机抽样的理论性抽样方法，本研究根据研究设计的需要选择被访谈样本②。并考虑到以下事实作为样本选择

---

① Pandit N R. The creation of theory: A recent application of the grounded theory method[J]. Qualitative Report, 1996(2): 1-15.

② 文军，蒋逸民. 质性研究概论[M]. 北京：北京大学出版社，2010.

的依据。在年龄方面,根据小木虫发布的最新调查显示(www.muchong.com),该网站的用户以青年为主。在学历方面,根据现有研究的调查显示,学术社交媒体用户普遍具有硕士研究生及以上学历[①]。综上,我们选取了年龄分布在25~35周岁,正在攻读硕士研究生及以上学位的在校研究生,或者已经拥有博士学位的青年教师作为访谈对象,邀请受调查者结合最近使用社交媒体进行学术交流的情境回复访谈问题。

为了进一步保证研究对象的代表性,本研究通过线上和线下两条渠道来招募访谈对象。线上访谈对象主要通过豆瓣小组的研究生群组、百度贴吧的硕博吧、学术吧和小木虫论坛的硕博家园板块等BBS论坛发帖进行有偿招募,每人提供50元作为访谈的报酬。招募访谈对象总计有24名,访谈样本的初始数据见表4-1。

表4-1 访谈对象部分信息

序号	性别	年龄	专业	教育程度	社交媒体使用经历(用于学术交流目的)(年)
R01	女	26	情报学	硕士研究生	2
R02	男	35	分子生物学	博士研究生	10
R03	男	28	计算机科学与技术	博士研究生	3
R04	男	33	新能源科学与工程	博士/副教授	9~10
R05	男	26	电子科学与技术	博士研究生	5
R06	男	25	情报学	硕士研究生	6
R07	男	34	管理科学与工程	博士/讲师	10
R08	女	29	情报学	博士研究生	4
R09	女	33	管理科学与工程	博士/副教授	10

---

① 邓胜利,向阳.基于学术社交网络的文献阅读及学科关注点差异研究[J].图书情报工作,2017,61(6):99-106.

续表

序号	性别	年龄	专业	教育程度	社交媒体使用经历(用于学术交流目的)(年)
R10	女	25	药理学	博士研究生	4-5
R11	女	26	工商管理	博士研究生	2
R12	男	26	电气工程	硕士研究生	3
R13	女	25	工业设计	博士	4
R14	女	25	英语	博士研究生	5
R15	女	26	情报学	博士研究生	3
R16	男	27	航空学	博士研究生	3
R17	男	27	机械工程	博士研究生	5
R18	男	32	情报学	博士/讲师	5
R19	女	26	情报学	硕士研究生	3
R20	女	25	情报学	硕士研究生	3
R21	男	28	高分子材料与工程	博士/讲师	3
R22	男	27	管理科学与工程	硕士研究生	3
R23	男	26	物理电子学	博士研究生	3
R24	男	26	物理学	硕士研究生	3

注：受访者及其访谈资料使用"R+数字"进行唯一标识，以建立原始数据文档。

访谈样本的特征显示如下：(1)从访谈对象的性别比例看，男女科研人员比例各占约一半，较为均衡。(2)访谈对象以博士研究生为主，教师群体占了近1/3，且部分教师具有高级职称。(3)访谈对象专业广泛涉及自然科学和人文社会科学，各自占比约一半。(4)访谈对象均为青年科研人员，也都有频繁使用社交媒体进行学术交流的经历。

在访谈中也发现，被调查者谈及使用社交媒体进行学术交流的经历都集中于学术社交媒体平台，用户通常优先选择利用学术社交媒体平台进行学术交流活动。与其他通用的社交媒体平台相比，小木虫、丁香园等专门的学术社交媒体平台提供的支持性功能更为丰富。

4.3.2 扎根分析

（1）资料收集

访谈提纲主体部分包括 3 个主题和 13 个具体问题。首先是要求被访谈者介绍自己的姓名等基本情况。接着回答 4 个与社交媒体认知和使用行为有关的问题，包括自己正在经历什么样的研究，该研究包括哪些阶段，会使用到哪些社交媒体平台，这些工具是否会真正起到信息服务的作用，如何评价现有的工具，自己急需要了解的学术信息是否能通过这些工具获取等。最后请被访谈者回答，在科研过程的不同阶段，包括想法提出阶段、科研规划阶段、项目实施阶段、研究发布和研究评价等五个阶段有哪些具体的信息需求，这五个阶段访谈内容的设计均建立在科研生命周期模型基础上。

访谈过程遵照严格的访谈程序进行。访谈过程由两位研究人员具体实施。研究人员向受访者约好具体的访谈时间，并把访谈提纲提前半小时发给受访者，以便受访者有充分的思考时间。访谈过程每人约 1 小时，全过程进行音频记录并告知被访谈者，访谈工作共持续 4 周。每次访谈结束后，两位研究人员立即分别进行音频转录，整理文字材料并进行核对，有两名被访者也因为关键之处没有表述清楚受邀请进行了二次访谈。

（2）开放式编码

完成文字转录工作后，继续进行开放式编码的工作。开放式编码的实施步骤是：首先对原始材料进行详细审查，形成对研究问题有重要影响的初始概念，对初始概念进行进一步的分类和归类，形成维度更高的范畴术语。遵照上述步骤，两位课题组成员形成了前沿动态、学者动态、实时交流等 40 个初始概念以及 16 个范畴术语。表4-2展示了这些代表性语句、初始概念及所属范畴术语。

表4-2 代表性语句、初始概念及范畴术语

代表性语句	初始概念化	范畴化
我希望平台能够给我提供一些相关主题的前沿热点或前沿性咨询服务	前沿动态	研究构想相关需求
我希望社交网络能够提供更多相关领域大学者的信息，如研究方向，主题等	学者动态	
社交媒体也可提供个性化智能查找推送服务，加强学术群落的即时性交流功能	实时交流	
希望社交网络能够建立一些学者圈，能够让我实时关注学者的中外发文动态	学术圈子	
在开展研究时，希望社交媒体提供一些国家社科基金选题指南以及一些征题意见稿来获取研究热点和主题	选题指南	
我能够通过相关社交媒体来联系文献作者，求助相关出版的文章	文献求助	
平台中的关联第三方媒体以及及时通信的功能能够帮助用户更好地解决问题	即时通信	
我使用平台可以和同行或者跨行业进行学习交流，碰到问题也可以相互讨论进行合作	同行协作	研究规划相关需求
我希望社交网络能够提供多样的交流方式，以便于各行业科研人员进行跨学科交流	跨学科交流	
我希望社交网络能够发布合作招募等信息，帮助我们更好地完成横向资助等项目，促进产业合作	横向资助项目	
在进行科研规划的过程中，希望社交网络能够进行相关经典文献的推荐，以更好地进行流程的规划等	经典文献推荐	
希望社交网络可以将各种研究方法整合起来，提供给科研人员及相关用户使用	研究方法整合	

4.3 研究流程

续表

代表性语句	初始概念化	范畴化
希望平台提供所需统计数据、研究工具和教程	科研工具使用	研究实施相关需求
我希望平台能够提供一些英文写作方面的技巧或经验，帮助我们在英文论文进行语言的润色	写作经验	
在使用社交网络获取相关信息时，会出现大量的冗杂的信息，希望平台能够推出信息过滤功能，提供更好的服务	信息筛查	
在使用社交网络时，希望能够提供管理文献资源的个人知识管理空间，以便能够随时保存与收藏文献资料	文献资料管理	
希望社交网络能够提供相关论文的投刊去向，帮助了解期刊收稿取向，增加命中率	期刊投稿	发布与传播相关需求
在进行研究成果共享或专利转化时，希望平台能够保证学者的知识产权及相关交易的可靠	成果转化	
在分享一些数据或者整理出来的资料时，希望网站能够建立一些更好地方法来帮助用户进行相关知识产权的咨询，以便更好使用共享资源	知识产权咨询	
希望推送交流群好友作品通知服务或者关注学术大牛新成果推送服务	研究推荐	研究评价相关需求
希望个人主页展示形式能够多样化，如成果、引证、学科关联、作者合作等数据可视化	学者主页	
借助平台在进行研究评价时，希望更多的以学者的学术成果以及同行的相关评论来进行预测评价	研究评价	
希望平台建立更好的学术声誉评价体系，这样才能使科研人员更好的使用该社交媒体	评价体系	
社交媒体科研评价体系中，要从多维数据来评价学者，不仅从科研数量质量，也可引入替代计量指标	多维评价	

续表

代表性语句	初始概念化	范畴化
在使用相关平台软件时，界面的简洁美观程度也会影响对其的使用体验	界面美观	界面设计
当社交媒体界面设计简洁舒适时，我可能更加愿意使用其进行相关信息的搜寻	页面简洁	
我在使用学术社交网络时，它的系统界面能够让我上手操作简单，那我可能愿意使用	操作简单	
我在使用社交媒体过程中，要是产生有愉悦性体验，那么会加强我接受使用的意愿	愉悦性体验	趣味体验
我希望学术社交网络能够将枯燥的信息，以有趣的形式推送出来	趣味性体验	
在使用学术社交网络时，如果搜寻的信息能有及时有效，将更好地满足我的需求	及时有效	搜索准确
社交媒体搜寻的信息精确度也是我是否使用的关键因素	精确度	
在使用平台时，如果其能够提供给我较多的信息获取方式及途径，我将更愿意使用	信息获取方式多样	服务性能
在使用社交媒体时，我希望系统的交互性能高	交互性好	服务效率
在使用社交媒体时，与他人进行交流时，能够得到及时的回复	回复及时	
我如果通过使用社交媒体与他人产生密切的联系，被他人所依赖	建立联系	关联需求
社交媒体能够满足我自由的进行选择相关的信息	自我选择	自主需求

续表

代表性语句	初始概念化	范畴化
如果使用社交媒体能够帮助我进行能力的提升，我将接受并使用	能力提升需求	能力需求
我在使用社交媒体的过程中，能够更好地融入兴趣相同的学术圈，与其他同行进行交互	建立关系	关系需求
我在使用社交媒体过程中，做出了一定的学术贡献，满足他人的需求，实现了一定的价值	自身价值	自我价值实现需求
我在使用社交媒体时，通过提升自身学术影响，获得他人的认可和尊重	尊重认可	获得认可和尊重的价值

（3）主轴编码

主轴编码是通过对开放式编码形成的概念以及概念之间关系进行分析，运用主范畴与对应范畴之间的关系把尽可能多的主范畴与其相关联的子范畴聚集起来，进一步归纳出抽象度更高的主范畴。主范畴与对应范畴的关系包括：目的—手段—关系、原因—后果—关系、时间或空间关系①。本研究通过对原始资料的进一步提炼，共得出了五个主范畴，分别是内容需求、系统需求、服务需求、情感需求和社交需求。这五个主范畴能够较好地概括各个独立范畴的内涵，反映出与各个独立范畴具有紧密的联系。表4-3展示了通过主轴编码过程形成的主范畴和范畴逻辑。

---

① Charmaz K C. Constructing Grounded Theory：A Practical Guide Through Qualitative Analysis[J]. International Journal of Qualitative Studies on Health and Well-Being，2006，1(3)：188-192.

表 4-3　主范畴、独立范畴和范畴逻辑

主范畴	独立范畴	范畴逻辑
内容需求	研究构想相关需求	研究构想阶段的信息需求是科研用户对社交媒体平台提供内容需求的重要组成部分，影响科研用户对社交媒体平台的总体信息需求
	研究规划相关需求	研究规划阶段的信息需求是科研用户对社交媒体平台提供内容需求的重要组成部分，影响科研用户对社交媒体平台的总体信息需求
	研究实施相关需求	研究实施阶段的信息需求是科研用户对社交媒体平台提供内容需求的重要组成部分，影响科研用户对社交媒体平台的总体信息需求
	发布与传播相关需求	研究发布和传播阶段的信息需求是科研用户对社交媒体平台提供内容需求的重要组成部分，影响科研用户对社交媒体平台的总体信息需求
	研究评价相关需求	研究评价阶段的信息需求是科研用户对社交媒体平台提供内容需求的重要组成部分，影响科研用户对社交媒体平台的总体信息需求
系统需求	界面设计	社交媒体平台的界面简洁美观，满足用户的系统需求，能够方便用户获取更多所需信息
	趣味体验	用户在使用社交媒体平台过程中，对操作系统感知有趣，越有利于用户获取所需信息
	搜索准确	社交媒体平台提供给用户的搜索准确度越高，越能满足用户的信息需求
服务需求	服务性能	社交媒体平台能够提供给用户的服务越多，服务性能越好，满足其信息需求的可能性越大
	服务效率	社交媒体平台能够快速找寻用户所需的信息，以及更好地进行交互，服务效率越高，越易于满足用户的信息需求

续表

主范畴	独立范畴	范畴逻辑
情感需求	关联需求	用户在使用社交媒体平台时,与他人产生的关联性越强,获取信息越容易,满足其信息需求的可能性越大
	自主需求	社交媒体平台提供的服务越能够满足用户自主选择的需要,用户将容易获取更多所需信息
	能力需求	社交媒体平台提供的服务能够更好地提升用户的能力,满足了其能力的需求,用户越容易获取所需信息
社交需求	关系需求	用户使用社交媒体平台与其他用户建立了密切的联系,满足了用户对社交的需求,则通过与其他用户建立社交关系能满足用户的信息获取需求
	自我价值实现需求	用户在使用社交媒体平台的过程中,满足了用户实现自我价值的需求,进一步促使用户贡献信息和获取信息
	获得认可和尊重的价值	用户在使用社交媒体平台的过程中,通过提升自我影响力获得了他人的认可和尊重,将进一步促使用户贡献信息和获取信息

(4)选择式编码

选择式编码的目的是处理核心范畴和次要范畴,进而建立相关理论,其操作的是范畴之间的关系。核心范畴是在开放性编码中自然涌现的,其主要特征有:①核心性;②解释力;③频繁重现性;④易于与其他变量产生联系并具有意义①。

通过选择式编码的逐级编码后发现,各主范畴均是"学术信息

---

① 贾旭东,谭新辉.经典扎根理论及其精神对中国管理研究的现实价值[J].管理学报,2010,7(5):656-665.

需求"的相关因素。因此将"学术信息需求"定义为核心范畴。表4-4展示了各主范畴之间的关系结构以及代表性语句。

表4-4 典型关系结构、关系结构的内涵及代表性语句

典型关系结构	关系结构的内涵	代表性语句
内容需求→学术信息需求	社交媒体平台提供用户在研究各个阶段所需的内容资源,将影响用户的学术信息需求	及时获取我们学科的前沿领域是开展研究的第一个步骤,网站及时主动的推送前沿热点给我,能帮我更好地开展研究 (前沿热点→内容需求)
系统需求→学术信息需求	用户在使用社交媒体平台时,系统需求的满足会给其带来良好的使用体验,进而有利于满足用户的学术信息需求	社交媒体界面设计美观,系统使用便利使我更有兴趣进一步探索利用该平台,完成我手头的科研任务 (界面设计→系统需求)
服务需求→学术信息需求	用户通过社交媒体平台进行学术信息的搜寻以及实现同行协作,网站服务质量越高,越有利于满足用户的学术信息需求	如果能提供个性化智能查找服务,包括推送相关研究,学术群落加强即时性交流功能,就能更好地满足我的需求 (服务效率→服务需求)
情感需求→学术信息需求	当社交媒体平台能很好地达到用户的心理预期时,能增进用户使用体验,进而满足用户的学术信息需求	社交媒体上有其他人能提供给我帮助,我会很开心,更愿意去查找信息 (关联需求→情感需求)

续表

典型关系结构	关系结构的内涵	代表性语句
社交需求→学术信息需求	自我实现需求是最高的需求层次,当用户使用社交媒体平台时能够感受到自我价值的实现,有利于满足用户的学术信息需求	有人给我点赞,我就更有动力回复网站上其他人的问题(获得认可和尊重需求→自我实现需求)

(5)理论饱和度检验

研究中应用的测量工具需要进行信度和效度的检验。本研究参照 Francis 等的研究对信度和效度进行检验①,具体分为两步进行:第一步是请课题组另外两位成员重复上述编码过程,对原始材料进行开放式编码、主轴编码和选择式编码三个主要步骤,完成后核对结果,发现新编码结果与初始结论基本一致,编码一致比为 85%,说明研究具有信度和效度。第二步是增加更多访谈材料,我们继续选择了四位目标受访者,对他们进行了访谈,访谈提纲与之前 24 位访谈者采用的提纲内容一致,访谈结束后采用同样的编码过程对新材料进行编码和分析,连续四次的编码结果都没有出现新的范畴,表明数据达到了理论饱和,可以形成理论。

4.4 理论模型构建

经过开放式编码、主轴编码和选择式编码的过程,最终形成了实质理论(substantive theory)。实质理论是对特定现象及其内在联系的揭示②。根据三级编码所得到的故事线,构建本章的研究模

---

① Francis J J, Johnston M, Robertson C, et al. What is an adequate sample size? Operationalising data saturation for theory-based interview studies. Psychology and Health, 2010, 25(10): 1229-1245.

② 冯生尧,谢瑶妮. 扎根理论:一种新颖的质化研究方法[J]. 现代教育论丛, 2001(6): 51-53.

型，见图 4-2。

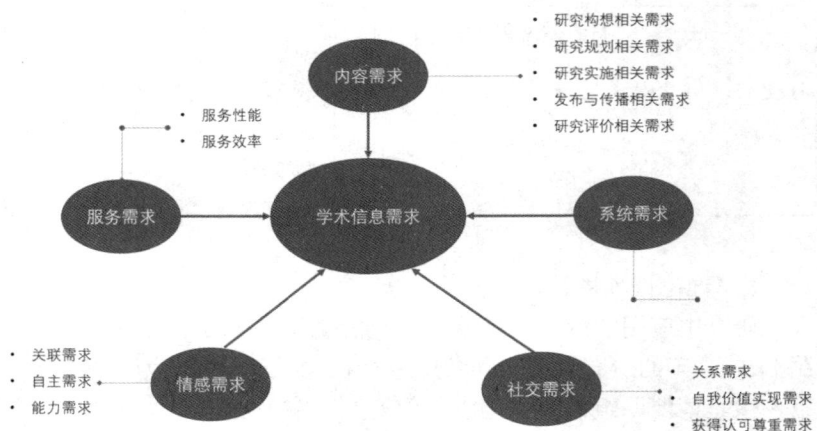

图 4-2　社交媒体用户学术信息需求模型

图 4-2 的模型也表明了学术信息需求有着丰富的维度和内涵，不仅包括了内容因素、系统因素、服务因素，也包含了与用户情感和行为相关的驱动因素。该模型中蕴含的基本作用关系为：内容需求、系统需求、服务需求、社交需求和情感需求为五个主范畴，共同构成社交媒体用户学术信息需求的主要维度。其中内容需求具体包括研究构想相关需求、研究规划相关需求、研究实施相关需求、发布与传播相关需求以及研究评价相关需求五个副范畴；系统需求包括界面设计、趣味体验和搜索准确三个副范畴；而服务需求是包括服务性能、服务效率两个副范畴；情感需求包括关联需求、自主需求、能力需求三个副范畴；社交需求包括关系需求、自我价值实现需求、获得认可尊重需求三个副范畴。

4.4.1　内容需求

从数据分析看，内容需求节点的编码参考点占比 50.5%，在影响重要性上远超过其他节点，可以认为是构成用户学术信息需求

4.4 理论模型构建

的关键节点。被访谈者针对科研生命周期各不同的阶段都提出了相应的需求。如在研究热点与前沿上,科研人员希望社交媒体可以提供学术动态的实时推送,持续跟踪研究领域内的学者动态,密切关注研究课题指南(R02)。在研究方法上,科研人员希望社交媒体整合自己研究领域的研究方法,提供最新研究方法的推送与指导(R04)。在学术写作上,科研人员希望社交媒体整合英文写作方面的服务,分享写作经验(R03)。在成果传播与转化上,科研人员希望社交媒体能精准推广自己的研究成果,扩大受众(R15)。在影响力评价上,主要包括研究成果评价和学术社区评价两方面的需求,突出表现为希望社交媒体可以从多维角度来统计自己的科研成果被利用的情况,评价自己的科研影响力(R20)。进一步分析,科研人员也表达了对内容质量的要求,如"数据资料可靠"(R01);"数据报告更加全面"(R03);"信息内容杂乱"(R07)等,也表达了用户对社交媒体上数据、资料、信息内容准确、全面、可信的心理需求。

4.4.2 系统需求

系统需求节点的编码参考点占比15.2%。系统需求反映了用户对社交媒体平台系统及时响应,满足其获取、分析信息能力的主观要求,其中界面设计、搜索内容的准确反馈以及使用过程是否有趣是用户关注的重点。在界面设计方面,用户提到较多的问题是网站信息内容不能有序组织妨碍了对信息的获取,如"资源分类有点乱……查找资源不够简明快"(R05)、"软件、教程资源、网友心得分享各种杂糅"(R11);"可以对功能提供更具体细分"(R20)。在搜索内容准确反馈方面,用户提到较多的问题是网站提供的搜索结果精确度不高,导致无法获取所需信息,如"网站如果能增加一些检索功能或者说信息过滤功能会比较好"(R03);"无法获得详细的学者研究方向、最新研究主题、联系方式"(R23);"无法搜索研究团队成员的信息,学者谱系关系等"(R16)。研究中也发现,用户对搜索过程是否有趣提出了要求,"我感觉当前网站做的不好的地方可能在这个交流系统的设计上面,没有像微信或 QQ 可以发图片、表情,网站只能发文字,看上去枯燥无趣,很难推动沟通的深入"(R04)。尽管在系统设计的趣味性方面编码参考点的占比低于界面设计和搜索准确,但是也说明用户对系统使用趣味性的要求真实存在,且构成了用户的信息需求。

4.4.3 服务需求

服务需求节点的编码参考点占比 13.2%。用户对社交媒体平台服务的需求体现在对平台系统服务性能和服务效率的要求上,这两方面也直接影响用户对平台信息的获取、分享的需求。具体来看,在平台服务性能方面,一些社交媒体平台提供的特色服务,如论文润色、论文翻译服务、学术岗位招聘、专业问题权威咨询、科研仪器外包等,满足了用户的相关需求。但在另一方面,用户也提出对平台系统信息深加工服务的不满,如"缺乏个性化智能推荐"(R10);"不能聚合推荐所关注学者的最新动态信息"(R14);"不能对主题相关的论文、著作、项目、奖励做成一个简明主页进行推送"(R18)等。在网站服务效率方面,关注点又集中在网站服务的更新速度方面,如 ResearchGate 更新频率较高,新增的用户科研项目聚合功能被认为是"非常好的服务"(R17)。

4.4.4 社交需求

研究也发现了用户对社交功能具有较强的需求,社交需求在编码参考点中占比为 12.2%。在社交需求中,用户突出体现了 3 个方面的需求:关系需求、自我价值实现需求和获得认可尊重的需求。根据马斯洛的需求层次理论,自我实现和被尊重的需求是人的更高层次的需要,可以认为用户使用社交媒体是为了追求和满足这些高层次的需求,进而驱动用户获取、分享和利用信息的行为。在三个子节点中,关系需求的编码参考点占比最高,进一步分析关系需求副范畴内的语句可以发现,这一需求充分体现了社会资本理论中的

4.4 理论模型构建

互惠性特征。如访谈者谈到"我在网站抛出一个有价值的内容，我希望得到对等的回报"（R22）；"如果真的要做好，我觉得它一定要做到利益均衡"（R10）等。

4.4.5 情感需求

与内容需求、系统需求和服务需求相比，情感需求是一个与用户个体特征密切相关的、独立于平台设计的构成要素。情感需求关涉用户在使用信息系统过程中产生的心理状态，积极的情感也是产生网站忠诚度和用户黏性的关键因素。在研究中集中反映出与用户情感需求相关的两个方面特征：一是，用户要求通过自身能力获取信息的意愿强烈，在使用社交媒体进行学术交流过程中投入足够的精力和时间能增强用户对网站的感情。如"网站提供关联第三方社交账号，我就可以利用这些途径开展科研合作"（R12）；"我可以通过 ResearchGate 平台向作者请求原文，多数情况可以获得，这方面很满意"（R15）。二是，通过网站的功能建立人际联系，能够增强用户对网站的情感，增加用户对网站的黏性。如"当我们实验遇到一些棘手的问题的时候，会去这些网站问一下别人有没有遇到类似的问题，我帮别人查找过许多文献，在我求助时也有人积极回答我的问题"（R21）；"我不清楚如何监测血样浓度，我在网站求助并得到了解答，后来我也帮回复者下载了一篇他(她)需要的论文，我觉得这种关系挺好的"（R10）。情感需求节点的编码参考点占比 8.9%，在信息需求构成要素中也占据了重要的地位。

第 5 章　科学 2.0 时代的学术交流平台

随着"科学 2.0"理念的提出，以 ResearchGate 等为代表的学术社交媒体平台陆续出现，成为为科学家群体服务的专门性社交媒体平台。一些学者也对这些专门的学术社交媒体的功能进行了归纳。如提出四个功能的划分：协作、信息管理、身份和网络管理以及交流①。社交媒体在服务学术交流方面的突出价值，表现在以下几个方面：①提供了丰富的媒体功能，可以采用多种表达方式及时反馈用户，并可以传达个体的情感；②提供自由开放的交流平台，交流的人数、时间、空间都不受限制；③方便的保存和管理交流记录，提供随时随地的获取；④提供开放编辑和自由协作的平台；⑤提供基于用户个人的信息组织和分类方式；⑥提供基于用户需求的知识聚合等。总体来看，提供促进沟通与交流的功能都是学术社交媒体的突出特征。与通用的社交媒体平台相比，学术社交媒体平台提供的服务更具有知识性，围绕用户正在进行的科研工作提供更专业和细化的服务。社交媒体倡导参与、兼容、协作的价值，与科学的核心元素：交流与合作完美契合，正是因为社交媒体具有的这些属

---

① Bullinger A C, Hallerstede S H, Renken U, et al. Towards Research Collaboration — A Taxonomy of Social Research Network Sites[C]// Sustainable IT Collaboration Around the Globe. 16th Americas Conference on Information Systems, 2010.

性，才促使它被学术群体所接受，迅速实现了学术交流从线下到线上的自然转换和迁移①。

5.1 学术社交媒体平台

尽管通用社交媒体平台（如 Facebook、Twitter 等）也能够辅助科研用户的学术交流行为，作为文献流和人际关系流的载体，但是在服务的专业性、知识性及功能细分程度方面仍然不能与专业的学术社交媒体平台相比。因此，从平台性质、服务对象、服务的专业度考虑，现有针对科研人员信息行为相关的研究都是集中将学术社交媒体作为研究的主要阵地。当然，不同的学术社交媒体辅助学术交流的功能设计也各有侧重：如，以 Mendeley 等为代表的网络文献管理平台扩展了用户对象的文献管理能力；以学术微信号等为代表的即时通信应用扩展了用户对象交换信息的能力；以 ResearchGate 等为代表学术 SNS 扩展了用户对象获取、分享学术信息的能力；以 Altmetrics 等为代表的评价平台采用不同于传统的基于文献的学术评价视角，在基于互联网数据的采集和分析基础上拓展了学术影响力评价的能力。尽管存在不同功能的划分方法，结合平台应用的广泛性、用户关注度以及学术交流服务的专业性等特征，本章重点研究下述三类社交媒体平台，分别是：学术 SNS、学术博客和学术微信公众号，下文将重点从各类平台作为学术交流参与者和服务功能提供者的视角分析不同类型社交媒体平台在辅助科研用户学术交流行为过程中的作用和价值。

（1）学术 SNS

在服务于用户学术交流的过程中，学术 SNS 既提供直接的技

---

① 韩文，刘畅，雷秋雨.分析学术社交网络对科研活动的辅助作用以 ResearchGate 和 Academia.edu 为例[J].情报理论与实践，2017，40（8）：105-111.

术支持也提供直接的信息服务，SNS 的服务主体包括两类：一类是提供信息服务的平台运营商；另一类是依托平台建立账户并提供服务的信息服务机构、学术出版机构、科研服务机构等。以典型的学术 SNS 平台 ResearchGate 为例，其服务于学术交流的主体包括两类：一类是 ResearchGate 平台运营商。作为平台系统的提供者，ResearchGate 运营商为用户之间的合作和交流构建了一个学术交流的空间；提供各种基本的技术和系统支持，满足用户对海量学术信息的检索需求；帮助用户管理学术资源，提供用户展示个人学术成果和论文发表的渠道，帮助用户推广学术成果，扩大学术影响力。另一类是建立在 ResearchGate 平台上的第三方学术信息服务机构，包括图书馆、学术期刊出版机构、科研服务机构等。具体地说，图书馆通过在 ResearchGate 上建立账户，为用户提供最新的文献资源推送、书目导读服务或帮助用户解决知识查询等方面的问题；学术出版机构利用 ResearchGate 账户提供最新的期刊目录服务，就最新的学科热点与用户互动交流、提供作者、编委、评审专家的双向互动，为用户提供关于论文写作和期刊发表的更多个性化服务。科研服务机构利用 ResearchGate 账户提供与知识生产有关的服务，为机构内的用户提供更广泛的学科文献资源，从科研生命周期的各个阶段为用户提供个性化的知识服务方案。从提供的学术交流服务功能看，学术 SNS 突出特色体现在能够促进学术资源共享以及促进建立学术关系两个方面。ResearchGate 允许用户自由上传文献，也允许其他用户通过外部搜索引擎直接下载文献，将自身打造成为一个内容丰富的文献数据库。在促进建立学术关系方面，ResearchGate 为用户提供了自我展示的平台，允许用户建立个人介绍主页、发布最新的研究计划和科研项目；最大限度提供用户之间交互的机会，允许用户直接获取关注与被关注的用户列表、引用与被引用的作者列表、合著者列表等；为用户提供深化关系的渠道，通过关联第三方社交媒体平台引导用户利用更多的平台加深彼此了解，深化合作关系。

5.1 学术社交媒体平台

(2) 学术博客平台

学术博客平台是专门提供科研人员发布学术信息进行学术交流的媒体平台。在服务于用户学术交流的过程中，学术博客提供技术支持和信息内容服务，服务主体包括两类：一类是学术博客平台的运营商；另一类是在平台发布博客的信息服务机构、学术出版机构、科研服务机构等。以科学网博客为例，科学网博客平台是科学网的子栏目，由中国科学报社主办并提供网站运营服务，科学网博客的主要功能体现在：①提供基于学科的知识导航服务，将学科划分为八大类，包括管理综合、信息科学、生命科学、化学科学等，对从属于每一类学科的最新文献、博文、领域新闻、招生招聘、国内外会议信息等进行聚合；②提供自由交流的平台，通过设置提醒，及时通知用户最新的评论和回复信息，好友动态变化，提供好友列表、查找好友、好友请求、好友分组讨论等用户交互功能；③提供文献存储、知识记录和管理的平台，科研用户可以在自己的博客账户上收藏有价值的文献和知识，成为知识生产的素材，借助博客平台提供的标签分类功能对收藏的文献进行有序组织和分类管理，为实现知识发现和知识利用奠定基础。

在科学网博客平台上的另一类服务于用户学术交流的主体是图书馆等信息服务机构。有大量的图书馆、学术出版机构、科研院所在科学网博客上建立账号，为用户提供科研服务。这些机构通过注册机构博客账号，定期发布经过整理的学术资源与用户分享，也利用博客平台提供的留言板功能，与用户互动，提供问题的解答、学术资源传递和文献利用指导等服务。

(3) 学术微信公众平台

微信公众平台隶属于腾讯公司的微信即时通信软件，依靠腾讯积累的巨大用户群体，微信公众平台一经推出，立即吸引各类用户群体的参与。学术微信公众平台提供个人和机构进行账号注册，以传递学术信息、服务科研用户为主要目的。提供学术交流服务的主体包括两类：一类是微信平台的运营商；另一类是学术微信公众号的运营商。微信平台运营商提供基础设施服务，虽然微信平台并不为科研用户提供直接的内容服务，但是运营良好的系统是用户享有内容服务的基础。学术微信公众号的运营商为用户提供学术内容服务，据统计目前有一定影响力的学术微信公众号超过700个，包括壹学者、中国科讯、iNature、iPlants等。学术微信号的机构运营商主要包括：图书馆等信息服务机构、学术出版机构、科研机构、高校、数字媒体公司等。类似于学术SNS和学术博客平台，图书馆、学术出版机构、科研机构也会注册学术微信公众平台账号，通过提供文献资源检索、学科资讯、基于知识的问答交互等功能为科研用户提供服务。根据对微信公众号的统计，截至2019年，在学术微信平台上具有影响力的公众号超过600个；有超过200所高校图书馆建设了独立的微信公众号，开展参考咨询、学科馆员服务、新书通报和馆藏书目导读等工作；有超过3000个期刊建设了自己的微信公众号，向用户推荐优质、核心的文献资源，实现作者、编辑和专家的多向实时交流。

5.2 国内外代表性的学术社交媒体平台

考虑到现有社交媒体技术与学术交流领域的密切关系、应用的广泛性、典型性等因素①，本章选取了以 ResearchGate 等为代表的国内外八个代表性的学术社交媒体平台进行实例分析。

（1）ResearchGate

该网站是专门的学术社交媒体平台，于 2008 年由计算机科学家伊贾德博士、索伦博士和霍斯特博士共同创建。最初也接受了来自风险投资公司 Benchmark 和德国门户网站 24Scout 的共同投资。根据《自然》杂志调查，ResearchGate 与其他学术社交媒体相比拥有

---

① 尹敏捷，刘宏生，刘鹏祥. 高校青年科研人员媒介素养研究基于沈阳地区 10 所高校的实证调研[J]. 青年发展论坛，2020，30(1)：77-84.

5.2 国内外代表性的学术社交媒体平台

更多的活跃用户①。截至 2019 年 3 月,网站用户超过 1500 万。ResearchGate 要求注册者使用机构邮箱,这就对用户身份提出了一定的要求。ResearchGate 提出了 RG 评分来衡量研究人员的影响,然而 RG 因其计算方法和数据来源也受到一些诟病②。

(2) Academia. edu(后文简称 Academia)

该网站由理查德于 2008 年 9 月创建。该网站的创始人从布伦特·霍伯曼公司筹集了大量资金。截至 2019 年 3 月,网站注册人数超过 3900 万,并有 1300 万篇论文被上传至网站。据报道,每月有超过 3600 万的独立访问者访问该网站。Academia 不是一个免费开放的文献存储数据库,但它鼓励拥有不同领域知识的用户通过使用研究小组等栏目访问网站。

(3) Mendeley

该网站由三名在伦敦的德国博士生创建于 2007 年,在 2008 年 8 月正式推出。它是以生物学家孟德尔和化学家门捷列夫的名字命名的。Mendeley 桌面版可以在 Windows、OSX 和 Linux 上运行。Mendeley 成立初期以文献管理功能最为突出,后来新增了科研人员线上交流功能。2013 年,Mendeley 被爱思唯尔出版公司以 6500 万到 1 亿美元的价格收购。

(4) Zotero

该网站的资金主要来自梅隆基金会(Andrew W. Mellon Foundation)、斯隆基金会(Alfred P. Sloan Foundation)和博物馆与图书馆服务研究所(Institute of Museum and Library Services)。该网站成立于 2006 年 10 月,目前支持 14 种语言。由乔治梅森大学历史与新媒体中心负责日常运营。

(5) 丁香园

---

① Noorden R V. Online collaboration: Scientists and the social network[J]. Nature, 2014, 512(7513): 126-129.
② Björk B C. The open access movement at a crossroad: Are the big publishers and academic social media taking over? [J]. Learned Publishing, 2016, 29(2): 131-134.

丁香园论坛创建于 2000 年，是目前国内最大的面向医生、医疗机构、医药从业者以及生命科学领域人士的专业性信息交流平台，致力于提供最新的医学知识、医疗技术等。至今，丁香园拥有注册用户超过 450 万，网站提供用户身份认证，类型包括医学生、认证医师、执业医师、专家等不同等级头衔。丁香园论坛共设有 17 个讨论区，内容涉及药学、基础医学、临床医学等，其中每个区又包括若干个板块，内容丰富、专业性强。

（6）百度学术

百度学术搜索于 2014 年 6 月初上线，隶属于百度旗下的一个提供中英文文献检索服务的平台。该平台提供学者主页功能，允许学者创建个人主页，依靠百度搜索的强大算法支持，帮助学者自动聚合学术成果。此外，在网站设计上也提供面向科研流程的科研服务功能，如论文查重、开题分析、文献互助，帮助青年学者完成论文选题、文献分析、文献获取等一站式服务。网站的商业性较强，文献提供不是免费的，在其网站上整合了包括台湾学术期刊在线数据库、WILEY、Taylor & Francis 等国内外大型数据库出版商提供的文献资源，支持用户单篇付费购买。

（7）科学网博客（后简称"科学网"）

科学网成立于 2007 年，是国内发展较早、影响力较大的学术虚拟社区。网站主要提供科学新闻报道、科学信息服务，包括数理科学、管理综合、生命科学、信息科学、地球科学等 8 大学科门类，每个版块下又有许多小的群组。网站增加了视频等多种媒体形式展现科学事件。根据用户关注度，网站定期推出博文周排名、博文月排名，将用户关注度最高的博文进行置顶推荐。

（8）壹学者学术微信公众号（后简称"壹学者"）

微信公众平台是腾讯公司于 2011 年推出的应用平台，与微信即时通信相比，微信公众平台允许企业、组织和机构开展合作推广业务，可以帮助机构和组织将信息推广至全体微信用户，从而达到信息宣传、建立关系、打造服务品牌等目的。学术微信平台专门为用户提供学术类相关信息，在学术微信平台上主要由图书馆、学术期刊社、科研院所及知名学者开通微信公众号,传递学术信息、进行学术资源共享。壹学者公众号是当今学术微信公众号的代表性平台,由人大数媒科技(北京)有限公司为服务主体推出的微信阅读平台,以人文社科领域的专家和学者为服务对象,壹学者于2014年8月上线至今,拥有活跃粉丝数约31万,头条平均阅读数约39,686次,头条平均留言数约24条,是一个融合学术资源、科研工具和社交为一体的学术社交平台。

5.3 社交媒体辅助学术交流的功能及特色分析

现有文献中论述了互联网技术对学术研究的支持性功能,如具有学术搜索、提供资讯、在线交流、个人空间展示、科研成果分享的功能等①。Richter等将在线社交网络的基本功能划分为三类:分别是交流功能、身份与网络管理功能和信息管理功能②。Bhardwaj在深入研究社交媒体对科学活动的支持性功能的基础上形成了一个包含12大类和192项功能的结构化清单③。Bhardwaj的研究成果也为系统评价社交媒体的科研支持功能提供了一个蓝本。本节在借鉴该清单的基础上,结合科研用户学术交流的行为和需求,立足于科研用户学术交流行为的不同阶段,细化社交媒体为促进学术交流的功能支持,对每个社交媒体平台进行打分,对形成的量化结果进行分析,以展现主流社交媒体平台对学术交流的支持和价值。

---

① 李晓妍,吴鸣. 国内外学术社交网络的特征及案例分析[J]. 现代情报,2020,40(4):71-81.

② Richter A, Koch M. Functions of social networking services[C]. Paper presented at the Proceeding 8TH International Conference on the Design of Cooperative Systems,2008.

③ Bhardwaj R K. Academic social networking sites[J]. Information and Learning Science,2017,41(6):812-825.

5.3.1 辅助知识生产的功能及特色

学术交流过程中科研用户知识生产行为包括用户获取文献知识、收集文献知识的操作，社交媒体平台服务于这一阶段的主要功能具体体现在：如何帮助用户通过清晰设计的导航功能和用户操作界面，快速找到所关注的内容；如何通过有效的信息组织和聚合方式呈现文献信息单元；如何通过提供一个良好的文本显示界面，帮助用户过滤无关信息，包括信息的内容和形式。表 5-1、表 5-2、表 5-3、表 5-4 和表 5-5 分别列举了八个社交媒体平台在页面导航、用户界面设计、系统输出、文献资源聚合、内容过滤等方面的表现，总共包括了 63 项子功能。

从各类社交媒体平台提供的页面导航和用户界面设计看，几乎所有的平台都显示具有良好的功能。社交媒体平台辅助学术交流的第一步就是平台与用户的交互，界面设计的清晰程度、导航的易操作性，是否能够在醒目的位置突出用户关心的信息，如阅读量、文献被引量、好友数、关注数等，都决定了用户体验，甚至影响用户是否会继续使用平台的决定，因此外观设计良好是实现平台其他功能的基础。但是，从各类社交媒体平台提供的系统输出功能看，几乎所有的平台在提供结果输出方面的设计都不够友好，与页面设计和导航功能类似，平台的系统输出功能也是用户与系统交互的基础，包括是否允许用户直接打印文献列表、把文献直接添加进入邮箱或主页、一次选择多条文献阅读等设计都会影响用户体验，而成为影响平台主要功能实现的障碍。研究也发现 ResearchGate 的用户界面功能也较为完备，不管研究者当前是正在寻找科研伙伴还是正在求职，又或是正在找寻适合自己继续深造的高等机构，ResearchGate 都提供了满足不同用户需求的信息。另一方面，ResearchGate 也带有明显的商业色彩，在为求职者提供科研岗位信息的同时也为相关机构提供了大量的广告位，因而也产生了一些不良的使用体验[1]。

---

[1] Memon A R. ResearchGate and Impact Factor: A step further on predatory journals[J]. Journal of the Pakistan Medical Association, 2017, 67(1): 148-149.

5.3 社交媒体辅助学术交流的功能及特色分析

从各类社交媒体平台提供的对文献资源的聚合功能看，八个平台中 ResearchGate、Zotero、丁香园和壹学者都得到了 5 分以上，显示了良好的文献聚合功能。以 ResearchGate 为例，该网站覆盖了几乎所有的学科，每个学科领域都存在大量的数字化数据与资源，这些资源一方面可以为用户提供重要的文献来源，但是另一方面，如果不能被有效的管理，就会成为用户的负担。ResearchGate 运用主题标签方式重组资源，即允许用户自己添加主题标签及对标签的描述来实现对网站资源的二次重构与整合；根据用户的收藏和创建标签的行为为用户推荐关注主题下的内容；基于用户研究兴趣提供个性化推荐引擎(News Feed)服务，根据用户的研究兴趣实时更新用户主页的内容。不同于 ResearchGate 通过用户自定义方式整合资源，壹学者的服务特色在于以较高频次向用户推送已经筛选过的有价值的学术资源，允许用户以自助方式通过关键词查询所需要的信息，这种基于平台主动推送服务的功能需要同时保证所推送的内容具有高价值，且推送频率适当，其中确保推送的资源内容具有高品质更为重要。

从各类社交媒体平台提供的内容过滤功能看，Mendeley 和 Zotero 的得分较低是因为两类软件的主要功能是提供文献管理，帮助用户收集、存储和引用文献，因此过滤功能就没有体现。相比较而言，科学网博客提供了更为突出的内容过滤功能：在论文主页上置顶推荐一些来自顶级期刊的、能够代表某个科学研究进展的文献，允许用户通过快速浏览和发现知识；提供多途径展示高质量文献，提供基于学科领域和期刊等级的分类，方便用户根据自身需求找到所需文献；选取高质量论文编制摘要进行报道，实现了对文献信息的加工、筛选和过滤，在二次加工基础上有利于将富含高价值的学术内容呈现给用户。此外，百度学术也有较突出的过滤功能，百度学术依托百度搜索引擎，天然具有强大的信息聚合和索引功能，能准确获取论文被引用次数、被阅读量等信息，用户可以借助这些客观信息达到遴选文献、获取高质量文献的目的。

第5章 科学2.0时代的学术交流平台

表 5-1 页面导航功能及评分

序号	页面导航功能	ResearchGate	Academia	Mendeley	Zotero	丁香园	百度学术	科学网	壹学者
1	网站的每个页面上都提供返回主页的链接	√	√	√	√	√	√	√	√
2	直接访问网站的主要内容	√	√	√	√	√	√	√	√
3	用户能找到当前页面的导航	×	√	√	√	√	√	√	√
4	提供了适当的页面标题	×	×	×	×	×	×	×	√
5	提供下拉式菜单	√	√	√	×	√	×	√	√
6	提供展开式菜单	√	√	√	×	√	√	√	√
	总得分	4	5	5	4	5	5	5	6

表 5-2 用户界面功能及评分

序号	用户界面功能	ResearchGate	Academia	Mendeley	Zotero	丁香园	百度学术	科学网	壹学者
1	屏幕上的导航帮助简单、清晰又吸引人	√	√	√	√	√	√	√	√
2	所有字段均已标记	√	√	√	√	√	√	√	√
3	所有标签均以完整写词而非缩写形式表示	√	√	√	√	√	√	√	√
4	有清晰的总下载量、阅读量和被引量数据	√	√	√	×	√	√	×	×

5.3 社交媒体辅助学术交流的功能及特色分析

续表

序号	用户界面功能	ResearchGate	Academia	Mendeley	Zotero	丁香园	百度学术	科学网	壹学者
5	最新问题链接	√	×	×	×	√	×	√	√
6	添加新内容链接	√	√	√	√	×	×	√	√
7	最新职位链接	√	√	×	√	√	×	√	×
8	提供用户的个人资料	√	√	√	√	√	√	√	√
9	用户的个人资料统计信息链接	√	√	√	×	√	√	×	×
10	提供合作者的信息	√	√	×	×	×	√	×	×
11	提供被关注者的信息	√	√	√	√	√	×	×	√
	总得分	11	10	8	6	9	7	7	7

表5-3 系统输出功能及评分

序号	系统输出功能	ResearchGate	Academia	Mendeley	Zotero	丁香园	百度学术	科学网	壹学者
1	按出版物搜索结果排序	×	×	×	√	√	×	×	×
2	按发布日期排序	×	×	×	√	√	×	√	√
3	按主题排序	×	×	×	×	√	√	×	×

第 5 章 科学 2.0 时代的学术交流平台

续表

序号	系统输出功能	ResearchGate	Academia	Mendeley	Zotero	丁香园	百度学术	科学网	壹学者
4	按格式类型排序	×	×	×	×	×	×	×	×
5	按文件类型排序	×	×	×	×	√	×	×	×
6	按机构排序	×	×	×	×	×	×	×	×
7	从 a 到 z 排序	×	×	×	×	×	×	×	×
8	从 z 到 a 排序	√	×	×	×	√	√	√	√
9	从最新到最旧排序	√	×	×	×	×	×	×	×
10	从最旧到最新排序	√	×	×	×	×	×	×	×
11	按最近添加的用户个人资料排序	√	√	√	√	√	√	√	√
12	允许从搜索结果中选择一条记录	×	×	×	×	√	√	×	×
13	允许从搜索结果中选择多条记录	√	√	√	√	√	√	√	√
14	选择要显示的记录范围	×	×	×	×	×	×	×	×
15	提供要下载或打印的记录	×	×	×	×	×	×	√	×
16	将搜索结果添加到打印列表	×	×	×	×	×	×	√	×
17	将搜索结果发送至电子邮件 ID	×	×	×	×	×	×	√	×

5.3 社交媒体辅助学术交流的功能及特色分析

续表

序号	系统输出功能	ResearchGate	Academia	Mendeley	Zotero	丁香园	百度学术	科学网	壹学者
18	添加结果到账户	×	√	√	√	×	×	×	√
19	用户登录和注销功能	√	√	√	√	√	√	√	√
20	接受用户意见或建议的在线邮箱	×	×	×	√	√	√	√	√
21	链接到外部资源	×	×	×	×	√	√	√	√
	总得分	6	4	5	7	10	8	9	8

表 5-4 资源聚合功能及评分

序号	资源聚合功能	ResearchGate	Academia	Mendeley	Zotero	丁香园	百度学术	科学网	壹学者
1	简洁显示文献条目	√	√	√	√	√	×	√	√
2	简洁显示文献与摘要	√	√	√	×	×	√	√	√
3	提供基于用户兴趣的个性化推荐引擎服务	√	√	×	×	√	×	×	×
4	提供日期升序聚合文献	×	×	×	√	√	×	×	×
5	提供日期降序聚合文献	×	×	×	√	√	√	√	√
6	提供总点击数显示	×	×	√	×	√	×	×	√

第5章 科学2.0时代的学术交流平台

续表

序号	资源聚合功能	ResearchGate	Academia	Mendeley	Zotero	丁香园	百度学术	科学网	壹学者
7	提供在搜索中使用大小写	√	√	√	√	×	√	×	×
8	提供主题标签	√	√	×	×	×	√	×	×
9	提供作者名、主题、关键字的超链接	×	×	×	×	√	√	×	√
10	提供导出文献列表	×	×	×	×	√	×	×	√
	总得分	6	6	4	4	6	4	3	6

表5-5 内容过滤功能及评分

序号	内容过滤功能	ResearchGate	Academia	Mendeley	Zotero	丁香园	百度学术	科学网	壹学者
1	学科过滤	√	√	√	×	√	√	√	√
2	出版年份过滤	×	×	×	×	√	√	√	√
3	关键词过滤	×	√	×	×	√	√	√	√
4	机构过滤	√	×	×	×	√	×	√	×
5	部门过滤	√	×	×	×	×	×	×	×

5.3 社交媒体辅助学术交流的功能及特色分析

续表

序号	内容过滤功能	ResearchGate	Academia	Mendeley	Zotero	丁香园	百度学术	科学网	壹学者
6	科研人员过滤	√	√	×	×	√	√	√	×
7	问题过滤	√	×	×	×	√	×	√	√
8	评论过滤	√	×	×	×	√	×	√	×
9	出版物类型，如期刊、书籍、会议论文等过滤	×	×	×	×	×	√	×	×
10	最高阅读量过滤	×	×	×	×	×	×	×	√
11	最多引用量过滤	×	×	×	×	×	√	×	×
12	文档格式的类型，如文本、音频、视频过滤	×	×	×	×	√	×	√	×
13	推荐研究人员和研究论文	√	√	√	√	×	√	√	√
14	推荐与用户兴趣相关的内容	√	√	√	√	√	√	√	√
	总得分	8	5	3	2	9	9	10	7

5.3.2 辅助知识传播的功能及特色

学术交流过程中科研用户知识传播行为包括用户如何选择知识传播的载体和渠道。从某种程度上，社交媒体平台已经兼具知识载体与知识传播载体的作用，在辅助用户传播知识的关键在于是否允许用户在版权规定范围内自由地上传各类文献知识以及自由转发文献的操作。事实上，社交媒体平台允许用户上传文档也可能面临侵犯版权的风险，ResearchGate 就曾因此惹上官司①。允许用户上传文档使得 ResearchGate 成为一个可免费获取全文的大型文献数据库。ResearchGate 的做法一方面使其获得了大量的用户支持，但也遭到了电子出版商巨头的集体反对，如何平衡开放获取与版本保护仍然是其在未来发展中面临的棘手的问题。但是，知识属于全人类，开放获取是一个必然的趋势。用户上传的文档类型是论文的情形更为常见，此时文档可以分为两类：一类是未发表的预印本文档，此时上传网站不存在任何版权问题，作者可以直接自行上传；另一类是已经发表的后印本文档，如果作者在首次发表时已经将版权转给出版商，则上传网站时需要提前征得出版商的同意，否则就会产生版权侵犯问题，当然如果作者在首次发表时未承诺转让版权，则作者可以根据自己的意愿自由处理文稿。考虑到版权保护问题，各网站都加强了对用户上传文档的审核。如，ResearchGate 要求用户确认是否拥有作品的版权、许可或其他权利，同时也要求作者上传文档不会侵犯他人的权益。Academia 要求用户在上传文档时也需要遵循许可政策，如果用户上传的出版物侵犯了版权，那么用户会收到出版商的删除通知②。Mendeley 列出了发布者对文档共

---

① Laakso M, Polonioli A. Open access in ethics research: an analysis of open access availability and author self-archiving behaviour in light of journal copyright restrictions[J]. entometrics, 2018, 116(1): 291-317.

② Howard J. Posting your latest article? You might have to take it down[J]. Chronicle of Higher Education, 2013, 6: 479-502.

5.3 社交媒体辅助学术交流的功能及特色分析

享者的要求,也列出了各种自愿上传内容的原则,这些原则帮助用户合法上传内容而不违反出版商的版权政策。Zotero 遵循出版商的政策,对期刊出版物进行归档;在上传内容之前,用户必须理解并阅读出版商的相关政策;此外,用户可以选择发布于指定日期,在封锁期结束之前,数据集不能被公开访问,但是在封锁期间,文档的元数据细节仍然可以公开访问。

从允许上传内容的载体看,Zotero 允许作者上传音频、视频内容作为文献的附件部分。近年来,视频论文(video essay)开始在国外兴起,一些国际期刊探索在期刊网站刊登视频论文①。视频论文可以看作是对论文深加工的一种方式,能够为用户提供更多关于论文的背景信息,增强用户对文献内容的理解,另一方面因其内容形式更生动、有趣,也会增强用户主动转发论文的意愿。2020 年以来,一些图书情报学领域的期刊,如《图书情报知识》等,陆续探索在其学术微信公众号上推出包含视频的论文,邀请当期封面作者用视频方式介绍自己的学术成果,一方面有效地提升了论文可读性,另一方面也促进了用户转发,增强了用户黏性,提升了学术微信号的影响力。

表 5-6 列举了社交媒体平台在促进用户知识传播的 16 项功能及评分。从表 5-6 中可以看出,国外的四个平台都可以上传或转发书籍、书籍章节、会议论文、期刊论文和学位论文。书评可以上传到 Academia、ResearchGate 和 Mendeley,这些网站都提供了上传数据集的功能。专利可以上传至 ResearchGate、Mendeley 和 Zotero。除了 Mendeley 外,所有的网站都提供了上传演示文稿的功能。海报只能上传至 ResearchGate。ResearchGate 是唯一一个提供上传研究计划的网站。音频和视频内容只能上传或通过 Zotero 转发。ResearchGate 和 Zotero 提供了上传工作文件的规定,而 Academia 和 Mendeley 则提供了上传专著的规定。从国内的四个平台看,都允许用户上传或转发评论性文章、书籍章节、会议论文以及工作文

---

① 刘冠伊. 基于在线临场感的交互式视频论文学习模式研究[J]. 中国信息技术教育,2019(24):181-184.

表 5-6 知识上传与转发功能及评分

序号	知识上传与转发功能	ResearchGate	Academia	Mendeley	Zotero	丁香园	百度学术	科学网	壹学者
1	上传/转发评论性文章	√	√	√	√	√	√	√	√
2	上传/转发书稿	√	√	√	√	×	√	√	√
3	上传/转发书的章节	×	√	√	√	√	√	√	√
4	上传/转发书评	√	√	×	×	√	×	√	√
5	上传/转发会议论文	×	×	×	×	√	×	×	√
6	上传/转发信件	√	×	√	×	×	×	×	×
7	上传/转发数据集	√	×	√	√	√	√	×	√
8	上传/转发专利	√	×	×	×	×	×	×	×
9	上传/转发专介绍	√	√	×	×	√	×	√	√
10	上传/转发海报	√	√	√	√	√	√	√	√
11	上传/转发研究计划	√	×	×	×	√	√	√	√
12	上传/转发论文与学位论文	√	√	√	√	×	×	×	×
13	上传/转发工作文件	×	√	×	√	√	×	×	×
14	上传/转发专著	×	×	×	√	×	×	×	×
15	上传/转发影片内容	×	×	×	×	×	×	×	×
16	上传/转发音频、视频内容	×	×	×	×	×	×	×	×
	总得分	11	8	9	10	12	7	10	11

5.3 社交媒体辅助学术交流的功能及特色分析

件。书评可以通过丁香园、科学网和壹学者上传或转发,除此外,丁香园和壹学者提供了上传数据集和专利的功能。丁香园也提供上传信件的功能。

社交媒体平台通过允许用户上传和转发的操作将用户作为传播媒介,促使知识借助用户的力量进行二级传播,最终实现了 N 级传播,如果转发的用户具有较大的学术影响力,是领域内的知名学者或意见领袖,借助社交媒体更易于实现文献和知识的快速流转。

5.3.3 辅助知识搜寻的功能及特色

科研用户对知识的搜寻包括用户对文献信息源的选择以及信息搜寻的方式和策略,是利用知识的前提和基础。社交媒体平台上存在着海量的知识,不同类型的社交媒体平台为用户查找知识提供了多种途径。如,ResearchGate 平台的内容可以通过搜索引擎实现一站式查找,用户可以通过百度、谷歌等搜索引擎直接输入论文标题就可以进入 ResearchGate 的用户主页,向用户申请传递论文全文或直接下载全文。ResearchGate 也充分发挥社交媒体的特征,为用户提供基于社区问答的信息搜寻服务,用户可以进入问答版块,通过社会化问答的方式获取其他用户提供的信息和知识。中文网站中,百度学术依托于百度搜索引擎的资源与技术,为用户检索提供了基于检索词、作者、出版物、发表时间、语种等多途径的检索支持。图书馆、期刊部以及一些学术机构通过建立官方的学术微信号为用户提供知识,主要包括三种途径:(1)主动推送。壹学者等学术微信公众号将精选的知识采用文字、图片、视频、音频等方式发送给用户,用户可以通过关注学术微信号定时获得推送信息,有些微信号也提供关键字、题目等检索入口允许用户对推送信息进行检索。(2)自助查询。壹学者等学术微信公众号通过提供多级菜单的方式允许用户对文献内容进行自助查找,设有三个一级菜单,分别是"学术发现""学者服务""壹学者",其中学者服务栏目的内容包括找资源、找学者、找资讯;壹学者栏目提供通过学者姓名、单位、研究领域来查找学者;学者服务栏目提供课题申报、联系合作、学术名片等服务，多层次的菜单设计为用户查找知识提供了多元入口。(3)交互式咨询。一些学术微信号，如上海图书馆微信号"上海图书馆信使"就提供交互式咨询服务。读者可以在对话框输入要咨询的问题，包括文本格式的关键词或是图片，提交后就可以等待答案，对于简单的例行问题，会有智能机器人通过检索常见问题库（FAQ）搜索答案，进行回复。丁香园平台提供的社会化搜索服务功能较为突出，进入网站后用户可以直接通过关键词在搜索框内搜索丁香园网站上用户贡献的内容。

在所考查的功能中，百度学术提供的搜索功能优势显著，无疑百度学术强大的搜索功能依托于百度公司的支持，而后者也提供了世界上最大的中文搜索引擎。目前百度学术网站为注册用户提供主页功能，允许用户自己上传文献单元，并提供聚合搜索功能。尽管"搜索"一定是百度学术网站的优势，但是它距离完美的学术搜索体验还很远：用户不能通过一站式搜索获取文献全文；对英文文献的聚合度和检索功能还很弱；对最新文献的标引滞后等。此外，百度学术也不能自动聚合科研人员的研究成果，需要用户自己登录、完成上传文档的操作，这使得通过百度学术找到"科学家"和"科研机构"变得相当困难，也限制了网站的服务能力。事实上，这些基本功能具有极大的现实需求，如科研机构每年都要进行科研工作量的统计，这项工作要占用科研管理人员和科研人员大量的精力，如果百度学术能利用网站的聚合技术，为科研机构自动推送教职的学术成果，这将大大提升科研管理的效率。由此可见，探索如何提供给用户更有价值的信息，如何提高用户找寻信息的效率关涉学术社交媒体的核心功能和社会价值。

表5-7中详细列举了社交媒体平台促进知识检索和浏览的主要功能，表中包括了18项分支功能。通常基本检索帮助用户使用任何关键字从社交媒体平台的数据库中检索出关于出版物、研究人员、问题和答案等记录项。高级检索允许用户使用布尔运算符来检索记录。根据调查发现，四个国外的社交媒体平台都具有基本的检索功能。然而，只有Mendeley拥有高级检索功能。ResearchGate提供检索标题、作者、期刊标题、主题、子主题，提供进行问题搜索

5.3 社交媒体辅助学术交流的功能及特色分析

表 5-7 知识检索与浏览功能及评分

序号	知识搜寻功能	ResearchGate	Academia	Mendeley	Zotero	丁香园	百度学术	科学网	壹学者
1	基本检索	√	√	√	√	√	√	√	√
2	高级检索	×	×	√	×	√	√	×	√
3	可以保存搜索结果	√	×	×	×	√	√	×	√
4	提供标题查找	√	√	×	×	√	√	√	√
5	提供作者查找	√	√	√	√	√	√	√	√
6	提供出版日期查找	×	×	×	×	×	√	√	√
7	提供期刊标题查找	√	×	×	×	√	√	√	√
8	提供学科查找	√	×	×	×	√	√	×	×
9	提供子学科查找	×	×	×	×	×	√	×	×
10	提供日期范围查找	√	×	√	×	√	√	√	√
11	提供摘要/内容界面查找	×	×	√	×	√	√	×	√
12	提供关键词查找	×	√	×	√	√	√	√	√
13	提供基于问题的查找	√	×	√	×	×	×	×	×
14	提供答案搜索查找	√	×	√	×	√	√	√	√
15	提供布尔运算符的功能检索	×	×	√	×	√	×	×	×
16	提供关键字链接检索	×	√	×	√	√	√	×	×
17	提供主题链接检索	×	×	×	√	×	×	×	×
18	提供期刊标题链接检索	×	×	×	×	×	√	√	×
	总得分	8	6	9	6	14	16	11	12

93

和答案搜索的功能。Academia 提供标题，作者，关键字搜索的功能。Mendeley 提供标题、作者、日期范围、摘要和关键字检索的功能。Zotero 提供标题、作者和关键字的检索功能。关键词在 Academia、Mendeley 和 Zotero 中提供超链接获取，主题在 Academia.edu 和 Zotero 中提供超链接获取。针对四个国内的社交媒体平台的调研结果看，百度学术提供的检索功能最优，其次是丁香园和壹学者。所有平台都具有基本的搜索功能（见表 5-7），只有科学网没有设置高级搜索功能。丁香园提供标题搜索、全文搜索，按相关度排序以及时间范围搜索。百度学术提供基于作者、关键字、出版物、发表时间等的检索途径。科学网只提供关键字搜索。百度学术网站提供期刊标题、发表机构、出版商链接，网页中也会显示搜索结果。学术公众号提供关键字，标题检索、学科检索等多种检索途径。

5.3.4 辅助知识评价的功能及特色

对知识的有效吸收和利用是实现知识转化的关键一环，是用户产生新知识的基础。Web 2.0 技术为用户贡献知识提供了更多的机会，每个人都可以成为信息的生产者和提供者，由此产生的问题是网络上的信息内容质量参差不齐，如何找到真正有价值的且与需求密切相关的知识成为用户更为关心的问题。当然，对文献的评价可以借助影响因子、被引用次数等传统指标，但是在当前普通公众都成为知识接收者的开放科学时代，仅通过传统的引文指标判断论文和作者的学术影响力是远远不够的，显现，社交媒体平台希望能在知识评价中为用户提供更多有价值的参考：ResearchGate 首先提出了基于网站用户使用行为数据的 RG 指数，用于评价用户的学术影响力，该指数综合考虑用户文档上传数量、请求全文数量、开放评审数量、被关注数量、参与社区活跃时间、参与问答数量等在内多项评价指标；Academia 提供了在网站上成果的被浏览次数、被关注数量；Mendeley 提供了每篇文献在网站上的总阅读量指标；论文被 ResearchGate、Academia 和 Mendeley 被提及的次数被纳入替代

5.3 社交媒体辅助学术交流的功能及特色分析

计量学作为评价论文影响力的指标；百度学术在网站上除了提供高被引论文、每篇论文的被引量等传统评价指标，也提供了文献阅读量、总浏览量的评价指标；科学网在"论文"栏目提供了一周论文排名作为平台给定的一个评价依据。

表5-8梳理了社交媒体平台辅助用户进行知识评价的功能，表中包括了12项分支功能，这些功能对于用户理解出版物的影响力至关重要。从国外的社交媒体平台看，ResearchGate、Academia和Mendeley都提供了关于文献评价的有价值的线索，从总体上看，Zotero在文献评价方面的功能较弱。从中文社交媒体平台的功能看，百度学术提供的文献评价功能最强，作为全球最大的中文搜索引擎旗下的产品，百度学术能够轻松的聚合知网(CNKI)、维普、万方等国内主要的文献数据库出版商数据库的资源，也能聚合文献的其他来源网站，在此基础上形成对文献下载量、引用量、阅读量、浏览量等的可视化分析，提供用户进行比较、评价和使用。从总体上看，其他三个社交媒体平台，包括壹学者、科学网和丁香园在辅助用户进行知识评价的功能方面稍显逊色，这也与这些平台在服务学术交流中自身定位和服务目的有关。

5.3.5 辅助科研合作关系构建的功能及特色

在集合学者资源、促进科研合作方面社交媒体平台也提供了促进交互性的支持性功能，促成用户之间的交流，集中表现在：允许用户展示和分享自己的学术成果，包括论文、专著、项目、研究特长等，为发现相同领域的学者提供了机会；允许通过关注、加好友等方式与研究人员建立一对一的关系；支持建立开放的讨论小组，就某一共同感兴趣的领域建立研究兴趣小组；提供机构搜索功能，方便用户从地域或机构的途径找到合作者，建立研究合作关系等。

从总体上看，社交媒体平台辅助建立科研合作关系的功能集中体现在促成用户交互方面。表5-9详细列举了社交媒体平台的交互性功能，表中包括了28项分支功能。从针对国外四个平台的调研结果看，ResearchGate、Academia和Mendeley提供的功能较为完

表 5-8 知识评价功能及评分

序号	知识评价功能	ResearchGate	Academia	Mendeley	Zotero	丁香园	百度学术	科学网	壹学者
1	出版物被引次数	√	×	√	×	×	√	×	×
2	年度被引次数	√	×	√	×	×	√	×	×
3	每种出版物的被引次数	√	×	√	×	√	×	×	×
4	引用的可视化图	√	√	√	×	×	√	×	×
5	在作品上会更新被引者的姓名	√	×	×	×	×	√	×	×
6	在作品上会更新被引者的机构名称	√	√	√	×	√	√	×	×
7	浏览量/转发量	√	√	×	×	×	√	×	×
8	论文总下载次数	√	√	×	×	×	×	×	×
9	论文阅读者的国别统计	√	√	√	×	×	√	√	×
10	阅读量统计	√	×	×	×	×	×	×	×
11	下载量统计	√	√	×	×	×	×	×	×
12	总评摘要	√	√	×	√	×	×	×	×
	总得分	11	6	6	1	4	8	1	0

5.3 社交媒体辅助学术交流的功能及特色分析

表 5-9 交互性功能及评分

序号	交互性功能	ResearchGate	Academia	Mendeley	Zotero	丁香园	百度学术	科学网	壹学者
1	推荐朋友关注	×	×	√	×	×	×	√	√
2	提供与其他用户进行聊天的功能	×	×	×	×	×	×	×	×
3	网站提供使用外部链接寻找朋友	√	√	×	×	×	×	×	√
4	网站提供使用搜索引擎链接寻找朋友	√	√	×	×	×	×	×	×
5	用户可以对内容发表评论	√	√	×	×	√	√	√	√
6	根据用户的个人喜好定制通知	√	×	√	√	√	√	×	√
8	建议与用户兴趣相符的内容	√	√	√	×	√	√	√	√
9	提供向其他用户发送消息的功能	×	×	√	√	×	×	×	×
10	在搜索时会关联相似兴趣的用户	×	√	√	√	×	×	√	√
11	提供基于兴趣小组的独立论坛	√	×	√	×	×	√	×	×
12	提供文章相关的更新通知	√	×	×	×	×	×	×	√
13	提供回复问题的更新通知	√	√	×	×	√	×	×	×
14	提供新工作的更新通知	√	×	×	×	√	×	×	×
15	提供新朋友动态的更新	√	×	√	×	√	×	×	√

续表

序号	交互性功能	ResearchGate	Academia	Mendeley	Zotero	丁香园	百度学术	科学网	壹学者
16	发布者账号信息随每次发布一同出现	√	√	√	√	√	√	×	√
17	有关研究领域每次文章列表的更新通知	√	×	√	×	√	√	√	√
18	关注的用户列表与个人资料一同显示	√	√	√	√	√	√	×	×
19	可以删除关注者	√	×	×	×	√	√	√	√
20	可以删除关注的职位	×	×	√	√	√	×	√	×
21	推荐有类似研究兴趣的用户关注	√	×	×	×	×	√	×	√
22	展示与用户研究兴趣有关的最新问题	√	×	×	×	√	√	√	√
23	通知用户其他用户发布的答案	√	√	√	×	√	√	√	×
24	关于新的后续请求的通知	×	√	×	×	×	×	×	√
25	提供定制通知的功能	√	×	×	√	√	×	√	√
26	提供跟踪用户最近的研究活动	×	√	×	×	×	×	×	×
27	用户可以知道谁访问了他们的个人资料	√	×	×	×	√	√	×	√
28	根据研究兴趣推荐用户	√	√	×	×	√	√	√	√
	总得分	20	16	14	9	16	13	12	18

5.4 学术社交媒体平台发展趋势

备,包括允许用户根据自己的喜好定制通知,据此社交媒体平台可以获取用户的偏好数据进行个性化推荐;向用户提供给其他用户发送信息的功能,增强用户之间的关系;允许显示所关注的用户列表及用户个人资料,加深对关注用户的了解,包括其研究兴趣领域、学术擅长等。但是,这三个平台也有一些未实现的功能,如不能提供与其他用户进行实时聊天,只允许通过留言的方式,这可能产生交流的时滞。除此外,调研也发现 ResearchGate 为用户推荐的"有相似研究兴趣"的用户往往不准确,而且推荐数量过于频繁,有时候让人产生反感。所有网站也提供关于学术职位的信息推送,也允许用户更新自己关注的学术职位的操作,这些功能也为建立个人与机构的联系提供了机会。

从国内四个站点的调研结果看,壹学者和丁香园在提供交互性功能中表现最突出,如允许用户对内容发表评论,其他用户能看到回复的评论内容,进行信息的交流;向用户推荐感兴趣的内容,在一定程度上进行个性化的信息定制;及时更新文献列表,推荐最新的有价值的文献;允许其他有同样兴趣的用户关注、跟随、站内发私信、留言等;当其他用户有回复信息时,会及时通知。但是在调研中也发现一些功能仍有待完善,如对关注用户的信息,特别是最新的文献不能订阅和进行动态推送,需要用户自己手动完成;与学者的对话只能通过站内私信或留言方式,影响了交流效率;总体上对职位信息的推送较弱。与其他三个平台相比,壹学者提供交互功能较好,这与其所依托的微信平台有关,微信作为当今国内受众最广泛的即时通信应用平台,为壹学者提供学术交流服务提供了重要的技术支持。

5.4 学术社交媒体平台发展趋势

通过本章中对典型社交媒体平台的调研发现,这些平台存在的共性特征是:都是基于Web2.0技术的应用;平台服务对象都是学者、科研工作者或科学爱好者;平台服务的目的都是促进学术交流,包括知识的共享、知识的传播以及学者建立科研合作关系。但是,这些平台在服务宗旨、服务类型、服务具有的特色功能方面各有侧重,具体地说 ResearchGate 和 Academia 是典型的学术社交媒体,强调帮助用户建立学术网络;Mendeley 和 Zotero 是文献管理软件,强调帮助用户管理学术资源;丁香园通常被称为虚拟学术社区,强调帮助用户共享学术资源;百度学术可以视为是一类专门的学术搜索引擎,其功能体现在学术信息搜寻和查找方面;科学网博客是典型的博客应用平台,强调为用户提供高质量的内容服务;壹学者是建立于微信即时通信软件之上的专门提供学术资源、进行学术交流的应用平台,强调在信息服务中信息被即时送达与有效交互。考虑到本章研究的目的并不是横向比较各网站的优缺点,而是通过调研分析发现各个平台服务于不同学术交流行为的功能特色,在此基础上分析现阶段社交媒体平台服务于学术交流的总体现状、还存在的薄弱功能以及如何进一步优化和完善。通过本章的研究提出以下两方面思考。

其一,需要进一步整合社交媒体平台的服务功能。

在对国内外平台进行的调研中也发现,各个网站都提供了不同程度的文献服务功能,允许用户自己上传文献(期刊论文)或各类资料,一些网站也允许其他用户进行公开访问。这一方面 ResearchGate 网站表现得尤为突出,也一直被视为该网站的一项重要功能。尽管 ResearchGate 作为一个免费开放的文献数据库的角色受到许多批评,但是能够通过谷歌学术搜索直接链接到 ResearchGate 上的全文下载页面,的确节约了科研人员的许多精力,同时也为该论文赢得了更多被阅读和被引用的机会,增加了文献的可见度。但是,学术交流不是只有基于文献的获取,学术社交网站的发展如果只将目光停留在文献的传递和存储上,那么其未来的发展必将受到限制。用户单纯工具性目的、为获取文献信息而使用网站的行为有悖于社交平台的核心价值,也不利于网站未来可持续的、健康的发展。事实上,科研用户的信息需求不仅仅包括文献的获取,在丰富的科研活动过程中,也包括了科研选题、资料收集、研究设计、科研合作、结题鉴定和成果推广等各个环节的信息

5.4 学术社交媒体平台发展趋势

获取和信息交流的需求,社交媒体平台如果只能满足用户的某一项需求,无疑会使更多用户因为无法满足需求而流失,最终也会因其不能在科研活动中发挥价值而被用户摒弃。因此,有必要提供面向用户科研生命周期的嵌入式服务。

其二,需要进一步发挥社交媒体平台服务于学术影响力评价的功能。

学术交流的目的之一是拓展学术关系,获得学术影响力。在传统的非互联网环境,学术交流的范围受到很大的局限性,学术成果的受众存在于有限的范围内,显然,社交媒体技术的出现为学术成果的传播带来了更广泛的受众,基于社交媒体平台的用户阅读量、浏览量、转发次数、关注人数、粉丝数等都在不同程度上反映了作者的学术影响力,将社交媒体平台的用户评价数据纳入学术影响力的评价体系,补充当前单纯依靠文献书目数据作为评价指标的不足,对于完善学术评价体系以及激励科研用户参与学术交流、贡献知识的行为具有积极的推动意义。基于社交媒体数据进行学术影响力评价是目前科学评价的主流研究领域,这一方面以美国为代表的西方发达国家走在了前列,如 ResearchGate 提出了 RG 指数,Altermetrics.com 公司整合推特、脸谱、学术博客等数据推出了 Altermetrics 得分,为学者、机构、国家的学术影响力评价提供了参考来源。相比而言,我国至今也没有一个社交网站能够对学者在社交媒体上的影响力提供评价,这也是一个很大的遗憾。

从总体上看,当代社交媒体技术在辅助知识传播、知识搜寻以及促成科研合作关系方面发挥出了重要的作用,但是在辅助知识生产以及进行学术成果评价方面的辅助功能总体较弱,还需要立足科研用户学术活动的生命周期全过程,开发嵌入式的服务功能,发挥学术社交媒体为科研交流和服务的核心价值。

第 6 章 学术社交媒体用户采纳的影响因素及实证研究

根据最新的调查显示我国社交网络用户已超过 9 亿，社交网络的应用遍布于各垂直领域，在娱乐、商业、即时通信领域等都形成了广泛的用户群。学术社交媒体为学术交流提供了新的渠道，作为正式交流的补充影响和改变着科研人员之间进行科研合作、共享和交流科学信息的方式。学术交流是学术社交媒体应用的核心功能，也是科研用户使用学术社交媒体的主要目的之一，本章通过调查和分析科研用户对学术社交媒体使用的驱动因素，分析影响用户使用学术社交媒体进行学术交流的关键因素，为改进学术社交媒体学术服务功能、推动非正式学术交流的发展提供参考。

6.1 理论基础

6.1.1 信息系统成功模型

1992 年，Delone 等首次提出信息系统成功模型（D&M 模型），使用六个变量系统质量、信息质量、用户满意度、使用、个体影响和组织影响来研究信息系统成功的主要因素，通过理论研究揭示了信息质量影响用户对信息系统的使用及满意度，系统质量影响用户对信息系统的使用及其满意度，进而对个体和组织产生影响①。后来的学者也在 D&M 模型基础上提出了许多修正的模型，如 Seddon 等对 D&M 模型中系统质量、信息质量、使用和用户满意四个变量及它们间的关系提出了质疑，并重新定义变量间的影响关系，提出"使用"应由"有效性"来代替②。2003 年，为修正模型的不足，Delone 等在对信息系统领域过去十年间重要研究成果梳理的基础上，增加服务质量变量，用净收益代替了个体影响和组织影响③，构建了一个新模型，如图 6-1 所示。Delone 等在新修正的模型中进一步明确了：用户使用意愿和用户满意度是由三个变量共同决定，包括服务质量、信息质量和系统质量。信息质量是指信息产品的预期特征，如准确性、及时性、有效性等；系统质量是指系统本身的预期特征；服务质量是指由信息系统部门、某一组织或外包给互联网系统服务提供商(ISP)提供的服务的预期特征④。与 1992 年提出的信息系统成功模型相比，新模型的一个显著特点是加入了服务质量变量，突出了服务质量对系统成功的重要性⑤。学术社交网络本质上也是一类信息系统，根据信息系统成功模型的思想，用户满意来自于对学术社交网络系统质量、信息质量和服务质量的满意。

---

① Delone W H, Mclean E R. Information Systems Success: The Quest for the Dependent Variable[J]. Information Systems Research, 1992, 3(1): 60-95.

② Seddon P, Kiew M-Y. A Partial Test and Development of Delone and Mclean's Model of IS Success[J]. Ajis Australasian Journal of Information Systems, 1996, 4(1): 90-109.

③ Delone W H, Mclean E R. The DeLone and McLean Model of Information Systems Success: A Ten-Year Update [J]. Journal of Management Information Systems, 2003, 19(4): 9-30.

④ Delone W H, Mclean E R. The DeLone and McLean Model of Information Systems Success: A Ten-Year Update [J]. Journal of Management Information Systems, 2003, 19(4): 9-30.

⑤ 王文韬,谢阳群,谢笑. 关于 D&M 信息系统成功模型演化和进展的研究[J]. 情报理论与实践, 2014, 37(6): 73-76, 58.

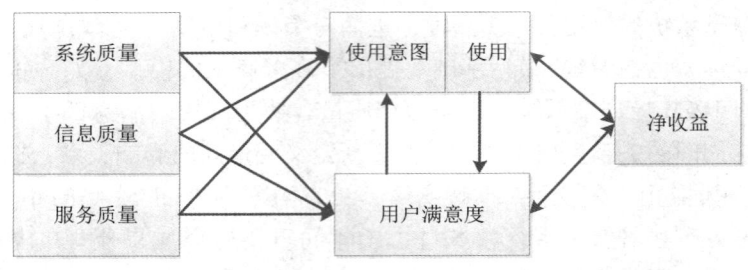

图 6-1 信息系统成功模型

6.1.2 刺激-机体-反应模型

刺激-机体-反应模型(SOR)是由三个变量构成,包括前因变量、中介变量和结果变量所构成,其中前因变量表达的是刺激(stimulus),与用户互动的环境有关;中介变量衡量了机体(organism),与用户的情感和认知状态有关;结果变量表达的是反应(response),与用户具体行为有关,如信息采纳、信息利用等①。在社交媒体使用过程中,社交媒体用户体验是用户心理感受与社交媒体服务相互作用的产物,社交媒体环境会影响用户的情绪和认知,交互过程和质量直接影响用户对社交媒体平台服务的总体评价,促使用户产生趋近或逃避的行为决策。本章以刺激-机体-反应模型为理论基础,构建学术社交媒体用户使用意愿的因果模型,探索学术社交媒体用户使用意愿的动因和作用机理。

6.1.3 沉浸理论

1975 年,美国芝加哥大学心理学家 Csikszentmihalyi 首次提出

---

① Zhang H, Lu Y B, Gupta S, et al. What motivates customers to participate in social commerce? The impact of technological environments and virtual customer experiences[J]. Information & Management, 2014, 51(8): 1017-1030.

沉浸体验，该理论认为，人们可以沉浸到一个活动中以至于其他事情都似乎无关紧要①。近年来，沉浸理论也被广泛应用于研究互联网用户的使用行为。如 Rettie 通过研究发现沉浸体验能有效延长用户对网络站点的访问②。社交媒体的强交互性特征可以促进用户产生沉浸体验进而感受到喜悦，其产生的关键在于使用者对该项活动产生好奇，并能从中获得愉悦。一些学者也研究了电子商务类社交网站、游戏类社交网站用户沉浸体验机理，提出沉浸感是网站吸引用户的重要途径③④⑤。

6.2 研究假设与理论模型

信息质量具有典型的情境特征和用户个体特征，难以使用一个简单维度加以衡量⑥。学术社交媒体的信息质量体现于网站上提供的信息内容是否完整、及时和可靠。传播学领域的精细加工可能性模型（ELM）提出，个人态度和行为变化主要受到中枢路径（central route）和边缘路径（peripheral route）的影响，中枢路径需要个体对某条信息中包含的论据（argument）进行批判性思考，审视优点及相关性，进而做出明智的判断和决策；相反，边缘路径需要个体付出

---

① Csikszentmihalyi M. Flow：The Psychology of Optimal Experience[J]. Design Issues，1991，8(1)：80-81.
② Rettie R. An exploration of flow during Internet use[J]. Internet Research，2001，11(2)：218-250.
③ Kaur P, Dhir A, Chen S, et al. Flow in context: Development and validation of the flow experience instrument for social networking[J]. Computers in Human Behavior，2016，59：358-367.
④ Kaur P, Dhir A, Rajala R. Assessing flow experience in social networking site based brand communities[J]. Computers in Human Behavior，2016，64：217-225.
⑤ 林芹，郭东强. 优化 SIS 模型的社交网络舆情传播研究基于用户心理特征[J]. 情报科学，2017，35(3)：53-56，75.
⑥ Wang R Y, Strong D M. Beyond accuracy: what data quality means to data consumers[J]. Journal of management information systems，1996，12(4)：5-34.

第6章 学术社交媒体用户采纳的影响因素及实证研究

较少的精力投入，仅需要考虑目标行为的一些线索和提示①。在这一理论基础上，本章认为用户对学术社交媒体信息质量的评价也分为两条路径：通过外部质量因素和内部质量因素。前者是指与信息源关系更密切的因素，后者是与信息内容直接相关的因素。内部因素和外部因素两条路径共同构成用户对信息质量的感知和评价。这与Jamali等的研究思路一致②。

根据信息系统成功模型，信息质量正向影响用户满意度。一些学者也在进一步的实证研究中证实了信息质量对用户满意度具有积极的影响作用③。如Shim等研究发现信息质量对在线健康信息网站用户使用行为具有显著正向影响④。基于以上分析，本研究提出假设：

H1：信息质量对学术社交媒体使用意愿具有正向显著影响

系统质量，指用户在与社交媒体平台交互过程中感知的与网站系统有关的因素。学术社交媒体的系统质量是指用户对网站系统本身运行效果的评价。学者们研究了不同类型的社交网站信息系统质量对用户使用意愿的影响。如Ho等研究了影响用户接受在线旅游社交网站的影响因素，发现信息系统质量是重要的动因⑤。Hwang等研究了在线旅游网站用户预定行为的影响，发现网站的系统质量

---

① Petty R E. Attitudes and persuasion: Classic and contemporary approaches[M]. New York: Westview Press, 2018.

② Jamali H R, Nicholas D, Watkinson A, et al. How scholars implement trust in their reading, citing and publishing activities: Geographical differences[J]. Library & Information Science Research, 2014, 36(3-4): 192-202.

③ Rai A, Welker L R B. Assessing the Validity of IS Success Models: An Empirical Test and Theoretical Analysis[J]. Information Systems Research, 2002, 13(1): 50-69.

④ Shim M, Jo H S. What Quality Factors Matter in Enhancing the Perceived Benefits of Online Health Information Sites?: Application of the Updated DeLone and McLean Information Systems Success Model[J]. International Journal of Medical Informatics, 2020, 137: 154-172.

⑤ Ho C, Gebsombut N. Communication Factors Affecting Tourist Adoption of Social Network Sites[J]. Sustainability, 2019, 11(15): 1-13.

对用户使用行为具有正向显著影响①。基于以上分析，本研究提出假设：

H2：系统质量对学术社交媒体使用意愿具有正向显著影响

服务质量是用户对信息技术多大程度上支持其与系统之间双向互动的综合评价。学术社交媒体作为第三方平台促成网站上学术信息的流动，为提高学术信息交流效率和效果提供服务。一些学者研究了社交媒体环境下用户服务质量感知对使用意愿的影响。如Aboelmaged 研究了医护人员对 Twitter 使用意愿的影响因素，发现感知服务质量对感知有用性和沉浸体验具有显著正向影响②。Marjanovic 等研究了高校社交媒体的成功因素，发现信息质量、系统质量和服务质量均对用户满意度具有显著正向影响③。赵英等认为社交媒体服务质量正向影响用户满意度④。基于以上分析，本研究提出假设：

H3：服务质量对学术社交媒体使用意愿具有正向显著影响

沉浸理论认为当用户处于沉浸状态时，会高度集中注意力于目前的活动中，而忽视周围环境的存在和变化，并且这种状态会使用户的行为具有重复性和反复性⑤。在学术社交媒体环境下，用户在操作网站过程中可能感觉心情愉悦、时间很快过去。研究表明沉浸

---

① Hwang J, Park S, Woo M. Understanding user experiences of online travel review websites for hotel booking behaviours: an investigation of a dual motivation theory[J]. Asia Pacific Journal of Tourism Research, 2018, 23(4): 359-372.

② Aboelmaged M G. Predicting the Success of Twitter in Healthcare: A Synthesis of Perceived Quality, Usefulness and Flow Experience by Healthcare Professionals[J]. Online Information Review, 2018, 42(6): 898-922.

③ Marjanovic U, Simeunovic N, Delic M, et al. Assessing the success of university social networking sites: engineering students' perspective [J]. The International journal of engineering education, 2018, 34(4): 1363-1375.

④ 赵英, 范娇颖. 大学生持续使用社交媒体的影响因素对比研究以微信、微博和人人网为例[J]. 情报杂志, 2016, 35(1): 188-195.

⑤ Csikszentmihalyi M. Flow: The Psychology of Optimal Experience[J]. Design Issues, 1991, 8(1): 80-81.

感能为用户带来积极的态度和心理体验①。沉浸体验被广泛用于预测用户满意和接受行为，如有学者通过研究发现沉浸体验可以吸引社交网络用户并且对用户的态度和行为产生积极影响，显著影响用户的使用意愿②。景娟娟在研究中指出个体在社交媒体、信息检索、网上购物等活动中会获得欣快感和沉浸体验，这种体验对其心理幸福感和满意度的提高具有重要意义③。基于已有研究，本研究提出假设：

H4：沉浸体验对学术社交媒体使用意愿具有正向显著影响

此外，考虑到样本特征对行为产生的影响，提出下述假设：

H5：用户性别、年龄对学术社交媒体使用意愿具有显著影响

图 6-2 展示了本研究的理论模型。图中信息质量是一个形成式

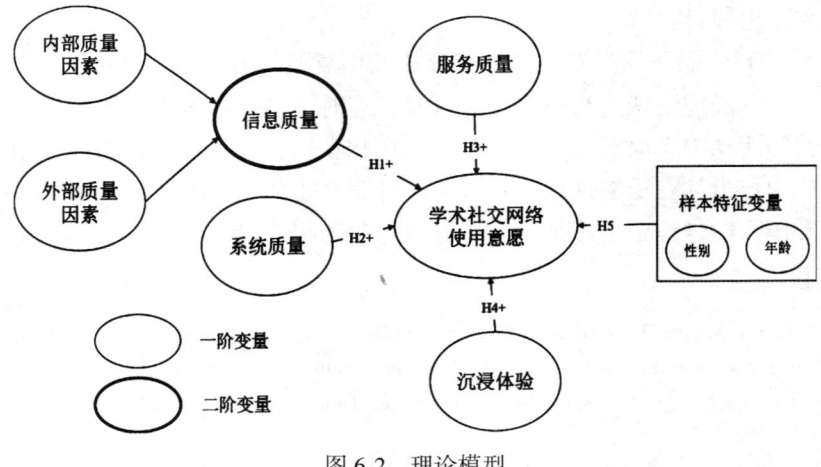

图 6-2 理论模型

---

① Kim B, Yoo M, Yang W. Online Engagement Among Restaurant Customers: The Importance of Enhancing Flow for Social Media Users[J]. Journal of Hospitality & Tourism Research, 2020, 44(2): 252-277.

② 张嵩, 丁怡琼, 郑大庆. 社会化网络服务用户理想忠诚研究基于沉浸理论和信任承诺理论[J]. 情报杂志, 2013, 32(8): 197-203.

③ 景娟娟. 国外沉浸体验研究述评[J]. 心理技术与应用, 2015(3): 54-58.

二阶变量，由两个一阶潜变量构成，分别是内部质量因素和外部质量因素，此外模型中还包括四个一阶潜变量，分别是系统质量、服务质量、沉浸体验和学术社交媒体使用意愿。性别和年龄是特征变量。

6.3 实证研究

6.3.1 调查问卷设计与量表开发

本研究主要采用问卷调查法，问卷设计的内容包括两个部分。第一部分是对科研用户熟悉和了解的学术社交媒体工具进行调查。第二部分是对用户使用学术社交媒体的意愿进行调查，收集数据验证本章的模型和假设。第一部分关于使用学术社交媒体的用户特征，我们设计了4个问题：①性别；②年龄；③您接受教育(科研)经历；④您对下述哪个学术社交网站最为了解。第二部分是调查用户对学术社交媒体的认知以及学术社交媒体使用行为，包括31个题项。为了确保测量的内容效度，每个潜变量均来自已有文献①。课题组成员首先查阅文献获取原始题项，再将原始题项改编到本章的研究环境下。每个潜变量由3~5个观测变量构成，所有项均采用李克特五级量表形式，1~5分表示同意程度，"1"表示"强烈同意"，"2"表示"基本同意"，"3"表示"一般"，"4"表示"基本不同意"，"5"表示"强烈不同意"。各变量的测量题项及其来源如表6-1所示。初始问卷形成后，邀请了5位图书情报学领域的专家对问卷设计进行了咨询，并根据他们的建议做了相应修改，

---

① Vitari C, Ravarini A. Validation of IS positivist research: an application and discussion of the Straub, Boudreau and Gefen's guidelines[C]. 4th Conference of the Italian Chapter of AIS: The Interdisciplinary Aspects of Information Systems Studies, 2007: 106-112.

第6章 学术社交媒体用户采纳的影响因素及实证研究

确定了问卷的预调研版本。接着进行问卷的预调研工作,通过熟人关系找到熟悉学术社交媒体的 20 名科研人员,向他们发放调查问卷。预调研效果良好,仅有 1 位被调查者对问卷中的表述提出疑问,在此基础上课题组进一步对问卷的内容和格式进行了完善并确定了最终版问卷。

表 6-1 构念及测量题项

潜变量及文献来源	测量项	
内部质量因素 (Jamali et al., 2014)①	Q1	学术信息中包含正确的研究方法
	Q2	学术信息中包含正确的图形与表格
	Q3	学术信息中包含可靠的研究数据
	Q4	学术信息中包含正确的逻辑和完整的内容
	Q5	学术信息是经过同行评议的
外部质量因素 (Jamali et al., 2014)	Q1	学术信息是由权威人士提供的
	Q2	学术信息的作者来自权威的机构
	Q3	学术信息被多次下载/转发/引用/评价
	Q4	学术信息被我的老师/同行推荐/转发
	Q5	学术信息被链接到大学图书馆、政府机构主页或业内同行的个人主页上
系统质量 (Mohammadi, 2015)②	Q1	该网站系统的响应速度快
	Q2	该网站的用户界面友好,方便用户交互
	Q3	该网站是安全的
	Q4	该网站的导航令人满意
	Q5	该网站的系统稳定流畅

---

① Jamali H R, Nicholas D, Watkinson A, et al. How scholars implement trust in their reading, citing and publishing activities: Geographical differences[J]. Library & Information Science Research, 2014, 36(3-4): 192-202.

② Mohammadi H. Investigating users' perspectives on e-learning: An integration of TAM and IS success model[J]. Computers in Human Behavior, 2015, 45: 359-374.

续表

潜变量及文献来源	测 量 项	
服务质量 （Mohammadi，2015）	Q1	该网站能为满足我的学术信息需求提供相关的增值服务
	Q2	我可以在该网站定期接收到我需要的学术信息
	Q3	该网站能为满足我的学术信息需求提供个性化的服务
	Q4	该网站能根据我的学术信息需求推送有价值的学术信息
	Q5	该网站提供了良好的在线帮助
沉浸体验 （Chang & Zhu，2007）①	Q1	当使用该网站的学术信息时，我觉得时间过得很快
	Q2	我对使用该网站的学术信息很好奇
	Q3	当使用该网站的学术信息时，我从未考虑过其他事情
	Q4	当使用该网站的学术信息时，我完全被吸引住了
学术社交媒体使用意愿（Hsu & Chiu，2004）②	Q1	我认为使用该网站获取学术信息是个好主意
	Q2	我觉得我在未来使用该网站的可能性很高
	Q3	我打算向老师、同事推荐使用该网站上的学术信息

6.3.2 数据收集

考虑到本研究的对象是具有高等学历的科研人员，为了确保问卷填写的真实性和准确性，本次问卷的发放主要通过熟人关系，寻找各领域内具有科研经验和了解学术社交媒体的用户填写问卷。此外为了扩大样本来源，课题组成员还通过参加高级别的学术会议，在会场随机发放和回收问卷来寻找更多的样本对象。本次调查历时2个月（2018年3—5月），收集初始问卷592份，考虑到本科生学历从

---

① Chang Y P, Zhu D H. The role of perceived social capital and flow experience in building users' continuance intention to social networking sites in China[J]. Computers in Human Behavior, 2007, 28(3): 995-1001.

② Hsu M-H, Chiu C-M. Internet self-efficacy and electronic service acceptance[J]. Decision Support Systems, 2004, 38(3): 369-381.

事科研工作的可能性较小，所以删除其中 30 份本科生学历的问卷，最终获得有效问卷 562 份。样本量大于理论需要的有效样本量。

6.3.3 样本特征分析

根据调查样本描述性统计分析可知（见表 6-2），在被调查对象中，男女比例分别占比 56.4% 和 43.6%，男性略多于女性，这也符合我国实际的科研人员男女分布比例。有超过一半的被调查者年龄处于 35~44 岁，考虑到获得博士学位者的实际年龄一般达到或超过 28 周岁，获得博士后科研经历的科研人员实际年龄一般也达到或超过 30 周岁，本调查样本对象能较好地代表科研人员年龄的分布。被调查者中拥有博士学位或博士后科研工作经历的研究者占比 74.8%，获得博士学位一般认为是具有初步的科研能力，由此样本人群有较好的代表性。在被调查者中（见图 6-3），对小木虫网站了解的人数最多，占 49.8%。

表 6-2 调查样本描述性统计

统计量		频次	比例(%)
性别	男	317	56.4
	女	245	43.6
	总计	562	100
年龄	18 岁以下	0	0
	18~24 岁	40	7.1
	25~34 岁	168	29.9
	35~44 岁	298	53.0
	45~54 岁	44	7.8
	55~64 岁	10	1.8
	65 岁及以上	2	0.4
	总计	562	100

续表

统计量		频次	比例(%)
教育程度	本科以下	0	0
	本科	0	0
	硕士	142	25.3
	博士	260	46.3
	博士后	160	28.5
	总计	562	100

图 6-3　学术社交媒体用户认知分布

6.4　数据分析与结果

本节将首先对量表的信度和效度进行检验，利用 SmartPLS 3.0 软件对结构模型进行分析，最后对数据结果进行讨论。

6.4.1　信度与效度检验

量表的信度和效度是检验构念测度项测量的两个判断标准。其中，信度是指测量的一致性和稳定性，效度是衡量测度项真实有效地测量该变量的程度。如果量表缺乏效度和信度，则不能真实反映

第6章 学术社交媒体用户采纳的影响因素及实证研究

模型中的变量和路径关系。

(1) 信度检验

本节采用内部一致性系数值(Cronbach's α)、组合信度值(Composite Reliability，CR)和平均方差萃取值(Average Variance Extracted，AVE)来检验样本的信度。其中，Cronbach's α 系数是用来衡量各个构念间公因子的关联性，来检验测度项之间的稳定性和一致性，当 Cronbach's α 大于 0.7 时，说明具有很高的信度；取值在 0.35~0.7 时，说明信度可以接受；当取值小于 0.35 时，说明测度项信度很低[1]。CR 值是用来评估一组测度项内部的一致性程度，如果 CR 值较高，说明测量指标之间的关联程度高，通常潜变量的 CR 值达到 0.7，说明测量工具具有较好的信度。AVE 值测量因子解释的方差与测量误差解释方差的比率，反映了变量能够解释测度项变异量的程度，通常认为达到 0.7 时，测量工具具有良好的信度[2]。

表 6-3 潜变量的 CR 值、Cronbach's α 值及 AVE 值

潜变量	题项数	CR	Cronbach's α	AVE
内在质量因素	5	0.924	0.921	0.752
外部质量因素	5	0.913	0.85	0.774
系统质量	5	0.927	0.901	0.719
服务质量	5	0.921	0.892	0.701
沉浸体验	4	0.860	0.780	0.707
学术社交媒体使用意愿	3	0.931	0.889	0.819

---

[1] Straub D, Boudreau M-C, Gefen D. Validation guidelines for IS positivist research[J]. Communications of the Association for Information systems, 2004, 13(1): 380-427.

[2] Straub D, Boudreau M-C, Gefen D. Validation guidelines for IS positivist research[J]. Communications of the Association for Information systems, 2004, 13(1): 380-427.

6.4 数据分析与结果

根据因子分析结果可知，所有构念的 Cronbach's α 值均大于 0.7，CR 值均大于 0.8，AVE 值大于 0.7，说明本研究测量量表具有较好的信度。

（2）效度检验

效度检验通常分为内容效度和结构效度，其中内容效度是指测量工具清晰且具有效度。因本研究的测量题项均来自国内外成熟的量表，故可以认为量表具有较好的内容效度。结构效度的指标包括收敛效度（Convergent Validity）和区分效度（Discriminant Validity）。根据 Straub 等的研究，AVE 值大于 0.5 表明测量具有较好的收敛效度，AVE 值的平方根大于变量间的相关系数表明测量具有良好的区分效度。

表 6-4　一阶潜变量的 AVE 平方根与潜变量的相关关系

潜变量	内部质量因素	外部质量因素	沉浸体验	学术社交媒体使用意愿	服务质量	系统质量
内部质量因素	0.870					
外部质量因素	0.400	0.880				
沉浸体验	0.503	0.272	0.841			
学术社交媒体使用意愿	0.705	0.271	0.520	0.905		
服务质量	0.637	0.560	0.541	0.560	0.837	
系统质量	0.535	0.540	0.480	0.518	0.627	0.848

注：矩阵中对角线上为 AVE 值的平方根，下三角区域为潜变量间相关系数。

表 6-4 显示了构念之间的相关系数与 AVE 平方根之间的关系，数据分析结果表明量表具有良好的区分效度。

6.4.2　共同方法偏差检验

共同方法偏差（CMV）是在社科研究领域中经常出现的现象，

如被试者在回答问卷时反应出的宽大效应、虚假相关、一致性动机等。本节首先采用 Harman 的单因素检验方法验证样本数据是否存在共同方法偏差问题[①]。利用 SPSS 软件进行主成分分析对整个数据集实施 Harman 单因素检验。选择特征根大于 1.0，通过主成分因子分析旋转得出 6 个因子，累计方差解释率为 87.51%，而第一个因子的方差解释率为 21.02%，表明这个因子不足以解释大部分方差。

此外，本节重复了 Liang 等的做法[②]，在 PLS 模型中加入了一个共同方法因子，这个因子包括了所有构念的全部指标。对于构念的每个指标，本研究都计算了两个路径系数值，一是该指标与所属构念之间的路径系数值，另一个是该指标与方法构念之间的路径系数值，结论表明后两者之间绝大多数的路径系数都不显著。同时，绝大多数构念间的路径系数值都远远大于构念与方法之间的路径系数，因此说明构念所解释的方差远远大于方法。因此，可以认为本研究数据不存在共同方法偏差的问题。

6.4.3　结构模型检验

本研究利用 SmartPLS 3.0 软件对结构模型进行验证[③]，路径关系见图 6-4。本节利用 bootstrapping 方法对原始数据选取容量为 1000 的重抽样样本，在此基础上估计 T 值。

如图 6-4 所示，模型中除了样本特征变量对学术社交媒体使用

---

① Podsakoff P M, Mackenzie S B, Lee J Y, et al. Common method biases in behavioral research: a critical review of the literature and recommended remedies. [J]. Journal of applied psychology, 2003, 88(5): 879-903.

② Liang H, Saraf N, Hu Q, et al. Assimilation of enterprise systems: the effect of institutional pressures and the mediating role of top management[J]. Mis Quarterly, 2007, 31(1): 59-87.

③ Ramayah T, Hwa C J, Chuah F, et al. Partial Least Squares Structural Equation Modeling (PLS-SEM) using SmartPLS 3.0: An Updated and Practical Guide to Statistical Analysis[M]. Singapore: Pearson, 2018.

6.4 数据分析与结果

意愿不具有显著影响外,其他假设关系都获得通过。图6-4也呈现了可解释的方差(R2),学术社交媒体使用意愿解释了0.52,信息质量的解释力高达0.98,说明结构模型具有良好的预测效果。二阶形成式变量信息质量与两个一阶变量"内部质量因素"和"外部质量因素"之间分别呈现显著正相关关系($p<0.001$),可以认为信息质量是一个构建良好的高阶变量。表6-5报道了本章研究假设的验证。

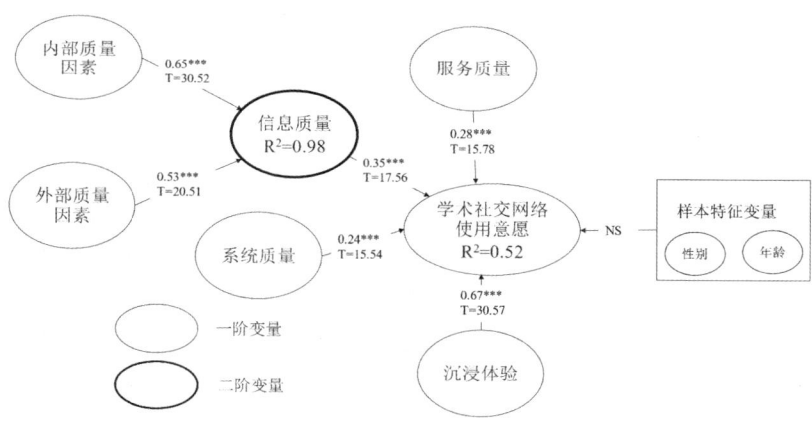

注:NS=不显著;**,2.58<T值<3.29,p<0.01;***,T值≥3.29,p<0.001。

图6-4 结构模型

表6-5 研究假设检验结果

序号	研究假设	检验结果
H1	信息质量对学术社交媒体使用意愿具有正向显著影响	支持
H2	系统质量对学术社交媒体使用意愿具有正向显著影响	支持
H3	服务质量对学术社交媒体使用意愿具有正向显著影响	支持
H4	沉浸体验对学术社交媒体使用意愿具有正向显著影响	支持
H5	用户性别、年龄对学术社交媒体使用意愿具有显著影响	不支持

6.5 理论意义及启示

学术社交媒体的核心功能是促进学术信息的交流、互通，实现学术合作。本章通过对用户使用学术社交媒体意愿的调查、建模和验证，尝试探索影响用户使用学术社交媒体进行学术交流的关键动因，为改进学术社交媒体服务功能、推动科学交流和科学发展提供参考和建议。

6.5.1 理论贡献

（1）学术社交媒体使用意愿的前置动因

2014年世界著名期刊《自然》发布了一项针对学术社交媒体使用行为的调查，涉及95个国家的3 500多位学者，结论表明社交网络已经开始被学者认识[1]。此后，英国、美国、芬兰等国学者也进行了大规模调查，发现学者对社交媒体的采纳程度普遍较低。一些学者采用半结构化访谈、焦点小组访谈等定性分析了影响采纳的因素，包括年龄、学历、国家文化、专业、使用偏好等，但是这些研究主要是在经验主义方法论指导下进行的探索性研究，难以形成系统、准确的结论，甚至产生相互矛盾的情形[2][3]。本章尝试使用定量的研究方法，以信息系统成功模型、沉浸体验理论等作为基础，研究我国背景下科研用户接受社交网络的影响因素，为我国社

---

[1] Noorden R V. Online collaboration: Scientists and the social network[J]. Nature, 2014, 512(7513): 126-129.

[2] Moran M, Seaman J, Tinti-Kane H. Teaching, Learning, and Sharing: How Today's Higher Education Faculty Use Social Media[R]. Babson Survey Research Group, 2011.

[3] Rowlands I, Nicholas D, Russell B, et al. Social media use in the research workflow[J]. Learned Publishing, 2011, 24(3): 183-195.

6.5 理论意义及启示

交网络服务优化提供启示和参考。研究结果表明信息系统成功模型为解释当前学术社交媒体用户接受行为具有良好的适用性，模型中的三个核心变量，信息质量、系统质量和服务质量是影响科研用户接受学术社交媒体的重要因素。

（2）信息质量的结构及测量维度

信息质量是一个复杂的、多元变量，在不同的情境下具有不同的维度和表示方法。在以往信息系统领域的研究中，信息质量被理解为数据产品的"零误差"或者是"作为满足信息用户需求的信息特征"，随着信息技术的发展，数据产品的数量极大丰富，用户从信息使用者的角色变为信息消费者的角色，信息质量评价的主动权转移到信息消费者手中，信息内容是否能够迎合消费者的需求成为用户对内容评价的基本标准。本章对信息质量的研究正是从用户角度出发，收集社交网络用户体验和评价的一手数据验证信息质量的结构维度。在考虑如何构建信息质量维度结构时，我们利用了精细加工可能性模型理论，同时借鉴了 Jamali、Nicholas 等学者的研究成果，将用户感知的信息质量划分为内部质量因素和外部质量因素，前者是与信息源关系更为密切的因素，后者是与信息内容直接相关的因素。通过本章的实证研究发现，用户对学术社交网站上信息质量的感知也是通过信息的外部特征和内部特征进行评价的。

（3）沉浸体验对学术社交媒体使用意愿具有显著正向影响

沉浸体验理论最早提出于心理学领域，之后被广泛应用于教育学、管理学、艺术设计等领域，用于解释用户在行为过程中产生的一种正向的、积极的情感体验。将沉浸体验理论应用于用户行为研究，探索用户的心理、情感的影响机理能够扩展和丰富现有信息行为的理论视野。本章理论模型中，沉浸体验测量的内容与信息系统成功模型中涉及的三个核心变量有着本质的差别，后者没有测量涉及用户情感有关的内容。本章引入沉浸理论尝试探索科研用户使用学术社交媒体时的积极情感对其使用意愿的影响，研究发现沉浸体验对用户行为意愿的影响显著，良好的沉浸体验会使用户对该社交媒体产生正向的情感反应，进而表现出较强的使用意愿。

6.5.2 实践启示

根据上述研究结论,针对学术社交媒体的系统优化、充分发挥其服务于学术交流的价值,本章提出下述四个方面的建议。

(1) 提供高品质的学术内容,建成网站的核心竞争力

信息质量对用户使用学术社交媒体的意愿具有积极的影响。不同于其他类型的社交网站,学术社交网站上的内容具有更强的科学性和专业性,学术社交媒体运营商应在提升网站内容服务方面提供足够的质量保障,如通过改进检索算法、筛选条件、反馈机制等措施,在将信息传递给用户之前先从平台或系统后端进行信息过滤和筛选,提高信息质量;同时,还需要不断更新后台推送系统,加入热点分析技术,及时捕捉时事热点,及时为用户提供实时的信息。

(2) 加入最新的技术元素,持续改进网站系统功能

系统响应速度慢、导航设置不清晰、资源分类不合理、信息检索入口过少等都是影响用户体验的主要原因,也进一步影响了用户对网站的使用。学术社交媒体的建设应考虑加入最新的智能推荐算法,加强对信息的有效过滤和整合。在前期的用户调研中也了解到用户对网站信息资源的深度揭示和推荐有更强的需求,因此建议采用一些成熟的算法对文献内容、用户贡献内容做深度的分析,并推荐给用户参考。此外,随着移动技术的发展,学术社交网站也应为用户提供基于不同终端的服务,如推出适合移动环境下操作的APP 版本,方便用户随时随地的登录和操作网站,方便用户进行跨屏检索和操作。

(3) 树立服务为"王"的观念,加强嵌入科研环节的服务

随着网络技术的发展和移动终端的普及,用户的交互意愿日益增强,更加倾向于通过社交媒体进行自我展示和信息共享等。在这一背景下,学术社交媒体运营商可通过提供嵌入科研过程的个性化和交互性的服务,全方位迎合用户的消费心理,改善社交媒体的服务质量,从而减少用户转移行为的产生,增强用户的使用意愿。此外,也可以探索应用一些新兴技术,如通过虚拟现实技术增强用户

6.5 理论意义及启示

之间互动和交流;邀请领域内的专家,通过举办线上专题讲座等学术交流活动提高用户的知识效能;根据用户的历史使用数据,分析用户的行为偏好,并据此为其提供个性化的服务和功能。

(4)以持续改善用户体验为着力点,关注用户的心理和情感

用户在使用社交媒体时,更多地关注自己在此过程中是否得到了放松、愉悦和沉浸于其中的体验。因此,学术社交媒体运营商需要从功能、服务等多方面加大投入,着力于增加产品的趣味性、功能的独特性、服务的个性化,从多个角度改善用户体验,驱动用户在使用网站过程中形成沉浸体验,进而激发用户的使用行为。

学术社交媒体是实现非正式交流的重要途径,科研用户使用学术社交媒体的主要目的是进行学术交流。研究发现,信息质量是一个包含两个维度的高阶变量,外部质量因素和内部质量因素是形成用户信息质量评价的主要线索,是信息质量的构成维度;信息系统成功模型为解释学术社交媒体用户使用意愿提供了理论依据,信息质量、系统质量和服务质量被证明对学术社交媒体使用意愿具有显著正向影响;沉浸体验提供了对用户心理和情感的测度,对科研用户使用学术社交媒体从事学术交流活动具有正向的影响。本研究及其研究结论为学术社交媒体运营商进行服务改进和升级提供了参考和启示。

第7章 移动图书馆用户满意度研究[①]

移动图书馆是一个集合馆藏数字资源存储和服务的用户交互系统,是数字图书馆在泛在环境和移动信息环境下的延伸。进入21世纪以来,移动图书馆在世界范围内也经历了一个快速发展的阶段[②],最近十年以来随着其功能的不断完善,移动图书馆也逐渐从单纯的信息资源提供者转变为提供用户进行正式或非正式学术交流、数字学习、数字科研的社区[③]。但是与数字图书馆理想的服务功能相对的是,一些针对用户满意度的研究却发现移动图书馆处于与其他信息服务提供商竞争的艰难时期,用户的忠诚度在不断减弱[④]。

用户信息行为是信息系统(IS)研究的主要分支,进入21世纪

---

① 本章改编自李晶,郭财强,明均仁. 移动图书馆用户满意度影响因素的动态演变研究[J]. 图书馆建设,2021(3):113-121,142.

② 甘利人,岑咏华,李恒. 基于三阶段过程的信息搜索影响因素分析[J]. 图书情报工作,2007,51(2):59-62.

③ Deng S,Fang Y,Liu Y,et al. Understanding the factors influencing user experience of social question and answer services[J]. information research an international electronic journal,2015,20(n4):18.

④ Skadberg Y X,Kimmel J R. Visitors' flow experience while browsing a Web site:Its measurement,contributing factors and consequences[J]. Computers in Human Behavior,2004,20(3):403-422.

第7章 移动图书馆用户满意度研究

以来,随着 IS 的普及应用,有更多的学者从关注技术转向关注用户,对 IS 用户行为的研究在行为类型上不断细化,采用的数据收集方法和分析方法也呈现多样化的趋势。首先,从信息行为类型看,早期 IS 的研究集中在行为的"前端"(pre-acceptance stage)①,即关注 IT/IS 采纳及其影响因素,代表性的理论模型,如信息技术采纳模型(TAM)②、任务-技术适配模型(TTF)③、技术接受和使用的统一模型(UTAUT)④等。随着 IS 研究的深入,部分研究者开始将关注点转移到行为"后端"(post-implementation stage)⑤,即 IT/IS 持续使用行为。正如 MIS Quarterly 系列论文指出,IS 后采纳行为直接决定了用户感知价值以及 IS 使用效率⑥⑦。在针对持续使用行为的研究中,Delone 及其合作者提出的信息系统成功模型(下文简称 D&M 模型)无疑具有里程碑的意义,该模型结合了消费者行为学中的满意度评价理论,使用外观简洁但内涵丰富的变量预测 IS 用户满意度及其对组织绩效的影响,为预测信息系统持续使用

---

① 李宏利,雷雳. 沉醉感及其在现实世界以及虚拟空间的表现[J]. 心理研究,2010,3(3):14-18.

② Novak T P, Hoffman D L, Yung Y F. Measuring the customer experience in online environments: A structural modeling approach[J]. Marketing Science, 2000,19(1):22-42.

③ Renard D. Online promotional games: Impact of flow experience on word-of-Mouth and personal information sharing[J]. International Business Research, 2013,6(9):93-100.

④ Yan Y, Davison R M, Mo C. Employee creativity formation: The roles of knowledge seeking, knowledge contributing and flow experience in Web 2.0 virtual communities[J]. Computers in Human Behavior, 2013,29(5):1923-1932.

⑤ Gao L, Bai X. An empirical study on continuance intention of mobile social networking services[J]. Asia Pacific Journal of Marketing & Logistics, 2014, 26(2):168-189.

⑥ Csikszentmihalyi M. Flow: The Psychology of Optimal Experience[J]. Design Issues, 1991,8(1):80-81.

⑦ 任俊,施静,马甜语. Flow 研究概述[J]. 心理科学进展,2009,17(1):210-217.

行为提供了理论依据,被广泛应用于电子商务①、网上银行②、健康医疗③等多场景用户持续使用研究中。其次,从研究方法看,2010年以前国际上有关 IS 用户行为的研究主要采用了横断(cross-sectional)研究,采用纵断(longitudinal)数据的文献极少;2010年以后,纵断研究逐渐增多,根据对 WoS 数据库的调研看,截至2019年12月1日,纵断研究主题的文献总数共计有116篇,但是与该主题的研究总量3 136篇相比,仍然是一个很小的体量④。对两种研究方法的比较可以看出,横断研究实施相对简便,通过一次取样的操作探索用户在单次时间节点上的行为特征;而纵断研究需要长时间追踪用户的行为,在执行过程中耗时,但是能够为探测影响因素的细微变化以及预测用户行为提供一个系统的解释⑤。从行为规律看,动态变化性是人类行为的本质特征⑥,用户在与 IS 持续交互过程中,其态度、信念对 IS 的认知与满意会随着时间变化而变化⑦,

---

① 甘春梅,王伟军.学术博客持续使用意愿:交互性、沉浸感与满意感的影响[J].情报科学,2015(3):70-74.

② Zhou T. Understanding continuance usage of mobile sites[J]. Industrial Management & Data Systems,2013,113(9):1286-1299.

③ 李曼静.学术虚拟社区用户持续使用意愿研究[D].武汉:华中师范大学,2015.

④ 注释:我们构建下述检索式利用 Web of Science 核心库进行检索实验:TS=(longitudinal study) AND TS=(information system usage) AND PY=(1986-2019),检索获得信息系统使用纵断研究主题相关文献116篇;采用 TS=(information system usage) AND PY=(1986-2019),检索获得信息系统使用主题的相关文献3130篇。

⑤ Delone W H, Mclean E R. Information systems success: The quest for the dependent variable[J]. Journal of Management Information Systems,1992,3(4):60-95.

⑥ Delone W H, Mclean E R. The DeLone and McLean model of information systems success: A ten-year update[J]. Journal of Management Information Systems,2014,19(4):9-30.

⑦ Chang Y P, Zhu D H. The role of perceived social capital and flow experience in building users' continuance intention to social networking sites in China[J]. Computers in Human Behavior,2007,28(3):995-1001.

在不同时间点上用户产生微小的不良体验可能累积产生"蝴蝶效应"或者"突变行为",最终导致放弃①或转移使用的行为②,这对 IS 的影响几乎是毁灭性的。因此,使用纵断研究持续监测和追踪用户行为构成要素的变化,掌握这种结构变化的规律性对预测用户使用行为具有现实意义。

正是基于上述考虑,本章的研究聚焦于信息系统使用的"后端",以 D&M 理论模型作为基础,设计了一个纵断研究框架,对移动图书馆用户群体开展了三个半月的持续追踪,选取用户持续使用过程中的三个不同时间点(T1,T2 和 T3)采用结构化问卷调查方法收集数据,探索在真实情境中用户持续使用移动图书馆系统的满意度水平波动及满意度构成要素的变化机理。本研究在理论上,将丰富和拓展现有的信息行为理论,特别是为在真实场景下用户持续使用行为及影响因素动态变化特征的研究提供理论支持;在研究方法上,本章采用的纵断研究框架在一定程度上成为现有研究路径的补充,突出体现信息行为的动态性特征;在实践上,为我国移动图书馆用户满意度评价和行为预测提供指导,以及从用户体验角度为优化移动图书馆系统提供实践参考。

7.1 理论基础与研究假设

7.1.1 理论基础

长期以来顾客满意度及其构成要素一直是社会学、心理学、管

---

① Wang R Y, Strong D M. Beyond accuracy: what data quality means to data consumers[J]. Journal of Management Information Systems, 1996, 12(4): 5-33.

② Wilson T D. Information behaviour: An interdisciplinary perspective[J]. Information Processing & Management, 1997, 33(4): 551-572.

理学等学科领域研究的热点,顾客满意对重复购买行为具有正向影响成为共识①。在 IS 研究中,Delone 及其合作者也注意到 IS 用户的满意对组织绩效的关键影响,将"满意度"引入信息系统评价中,提出了 D&M 及其修正模型,被广泛引用于不同 IS 场景中作为预测与解释持续使用行为的重要理论依据②。

1992 年,Delone 等首次提出 D&M 模型,该模型包含系统质量、信息质量、使用、用户满意度、个体影响和组织影响六个变量,其中系统质量和信息质量影响组织中用户对信息系统的使用及其满意度,进而对个体和组织产生影响③。该模型只是对前人理论模型的归纳与总结,并没有进行实证研究。因此,有学者从实证角度对该模型进行了批评、修正,如 Seddon 等对 D&M 模型中系统质量、信息质量、使用和用户满意 4 个变量及它们间的关系提出了质疑,并重新定义变量间的影响关系,提出"使用"应由"有效性"来代替,还应加入"系统重要性"来辅助解释有效性和用户满意,系统"使用"与"用户满意"间的双向影响关系应改为单向的"有效性"影响"用户满意",实证发现信息质量、系统质量和系统重要性与有效性、用户满意之间存在正向影响关系④。2003 年,为修正模型不足,Delone 等在对信息系统领域过去十年间重要研究成果梳理的基础上,增加服务质量变量,用净收益代替了个体影响和组织影响⑤,构建了一个新模型,如图 7-1 所示。该模型认为信息质量、系统质量和服务质量共同影响用户使用意愿和满意度。信息质量是

---

① Deng S, Fang Y, Liu Y, et al. Understanding the factors influencing user experience of social question and answer services[J]. information research an international electronic journal, 2015, 20(n4): 18.

② Zhou T. Understanding continuance usage of mobile sites[J]. Industrial Management & Data Systems, 2013, 113(9): 1286-1299.

③ Gu F, Widén-Wulff, G. Scholarly communication and possible changes in the context of social media[J]. The Electronic Library, 2011, 29(6): 762-776.

④ Kim B, Han I. Role of trust belief and its antecedents in a community-driven knowledge environment[J]. Journal of the American Society for Information Science & Technology, 2009, 60(5): 1012-1026.

⑤ Zhou T. Understanding continuance usage of mobile sites[J]. Industrial Management & Data Systems, 2013, 113(9): 1286-1299.

指信息产品的预期特征,如准确性、及时性、有效性等;系统质量是指系统本身的预期特征;服务质量是指由 IS 部门、某一组织或外包给互联网系统服务提供商(ISP)提供的服务的预期特征。与旧的信息系统成功模型相比,新模型加入了服务质量变量,更强调人在信息系统使用中的地位,从使用到使用意愿的转变,突出了用户使用信息系统后的感受①。

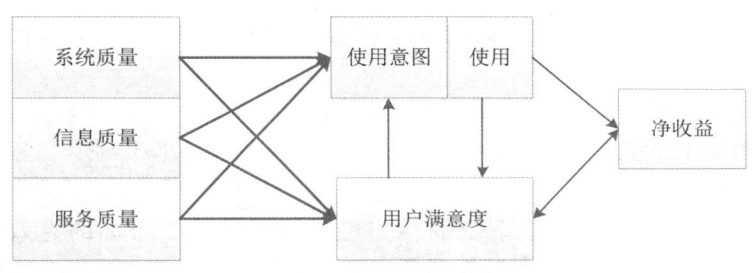

图 7-1　D&M 模型(2003)

7.1.2　研究假设

根据 D&M 模型,在初始使用阶段,用户满意度受到系统质量、信息质量和服务质量的共同影响。此外,也有大量的研究证明在网上银行②、电子政务③、在线学习④等情境下系统质量、信息

---

① Teo T, Srivastava S, Jiang L. Trust and electronic government success: An empirical study[J]. Journal of Management Information Systems, 2008, 25(3): 99-132.

② Zhou T. Understanding continuance usage of mobile sites[J]. Industrial Management & Data Systems, 2013, 113(9): 1286-1299.

③ Straub D, Boudreau M C, Gefen D. Validation guidelines for IS positivist research[J]. The Communications of the Association for Information Systems, 2004, 13(1): 380-427.

④ Chang Y P, Zhu D H. The role of perceived social capital and flow experience in building users' continuance intention to social networking sites in China[J]. Computers in Human Behavior, 2012, 28(3): 995-1001.

质量和服务质量对用户的满意度评价具有正向显著影响。由此本节提出在移动图书馆使用的初期 T1 时间点,系统质量、信息质量和服务质量与满意度关系的假设如下:

H1a:在 T1 时间点,系统质量与用户满意度之间具有正向显著性影响。

H2a:在 T1 时间点,信息质量与用户满意度之间具有正向显著性影响。

H3a:在 T1 时间点,服务质量与用户满意度之间具有正向显著性影响。

系统质量是 IS 用户对系统功能的总体评价,是系统开发者提供的关于系统的功能和各项支持,反映了系统的易操作性、反应时长,用户界面的可靠性和稳定性等①②。本研究中移动图书馆系统质量是指移动图书馆系统的稳定性、可导航性、布局的有效性等③。用户在使用 IS 的初期通常也经历了一个从学习、适应到熟悉、了解的过程,随着用户对系统操作熟练程度的增加,对系统质量的初始评价与使用中、后期的评价可能存在差异。Tarhini 等在对信息系统采纳和接受的综述回顾中认为,随着使用次数增加,因初次使用产生的陌生和不适感已经逐渐消失,用户对系统操作的熟练度不断增强,不需要在操作系统过程中花费过多的时间和精力④。Sharma 等也认为用户初次使用后已经对系统有了较好的体验,或

---

① Mohammadi H. Investigating users' perspectives on e-learning: An integration of TAM and IS success model[J]. Computers in Human Behavior, 2015, 45: 359-374.

② Nelson R R, Todd P A. Antecedents of information and system quality: An empirical examination within the context of data warehousing[J]. Journal of Management Information Systems, 2005, 21(4): 199-236.

③ Agrifoglio R, Black S, Metallo C, et al. Extrinsic versus intrinsic motivation in continued twitter usage[J]. Journal of Computer Information Systems, 2015, 53(1): 33-41.

④ Chin W W, Marcolin B L, Newsted P R. A Partial Least Squares Latent Variable Modeling Approach for Measuring Interaction Effects: Results from a Monte Carlo Simulation Study and an Electronic-Mail Emotion/Adoption Study[J]. Information Systems Research, 2003, 14(2): 189-217.

者认为系统值得信任,在不断使用的过程中产生了"该系统性能较好"的认知判断,因而在后期不会投入更多的关注①。也有针对某一特定系统的研究发现,系统质量对用户满意度影响力减弱甚至不再具有影响力的原因是,在使用前就已经产生了"该系统性能欠佳"的刻板看法,由此后期也不会给予更多的重视②。考虑到用户行为的动态性特征,本研究认为随着时间的变化,用户对移动图书馆系统质量的评价也会发生改变,进而影响其满意度。由此本节提出在 T2 时间点和 T3 时间点系统质量与满意度关系的假设如下:

H1b:与 T1 时间点相比,在 T2 时间点,系统质量与满意度之间正向显著性影响减弱。

H1c:与 T2 时间点相比,在 T3 时间点,系统质量与满意度之间正向显著性影响减弱。

信息质量反映了移动图书馆信息资源内容提供的及时性、有效性和全面性③。服务质量是指移动图书馆服务提供的可靠性、及时响应性和保障性等。Hussain 等对餐厅用餐的消费者进行了一个长达 6 个月的纵断追踪研究,发现服务质量对消费者满意的影响会随时间发生变化④。Hu 等采用数据挖掘技术对用户的酒店评价信息进行了收集和统计分析,研究发现服务质量对用户再次入住具有持续的显著影响⑤。Baabdullah 等对移动银行用户使用行为进行了持

---

① Baron R M, Kenny D A. The moderator-mediator variable distinction in social psychological research: conceptual, strategic, and statistical considerations. [J]. Chapman and Hall, 1986, 51(6): 1173-1182.

② Csikszentmihalyi M, Lefevre J. Optimal experience in work and leisure[J]. Journal of Personality and Social Psychology, 1989, 56(5): 815-822.

③ Skadberg Y X, Kimmel J R. Visitors' flow experience while browsing a Web site: Its measurement, contributing factors and consequences[J]. Computers in Human Behavior, 2004, 20(3): 403-422.

④ Hussain K, Jing F, Junaid M, et al. The dynamic outcomes of service quality: a longitudinal investigation[J]. Journal of Service Theory and Practice, 2019, 29(4): 513-536.

⑤ Zha X, Wang W, Yan Y, et al. Understanding information seeking in digital libraries: Antecedents and consequences[J]. Aslib Journal of Information Management, 2015, 67(6): 715-734.

第7章 移动图书馆用户满意度研究

续追踪发现,随着使用加深服务质量始终是影响用户满意度和忠诚度的关键要素①。随着用户对信息系统使用程度的加深,用户对移动图书馆信息内容资源的需求不断增加,对服务质量的要求也不断提升,由此本节提出在持续使用后的 T2 时间点和 T3 时间点信息质量与满意度、服务质量与满意度关系如下:

H2b:与 T1 时间点相比,在 T2 时间点,信息质量与满意度之间正向显著性影响增强。

H2c:与 T2 时间点相比,在 T3 时间点,信息质量与满意度之间正向显著性影响增强。

H3b:与 T1 时间点相比,在 T2 时间点,服务质量与满意度之间正向显著性影响增强。

H3c:与 T2 时间点相比,在 T3 时间点,服务质量与满意度之间正向显著性影响增强。

本研究的研究模型图见图 7-2。

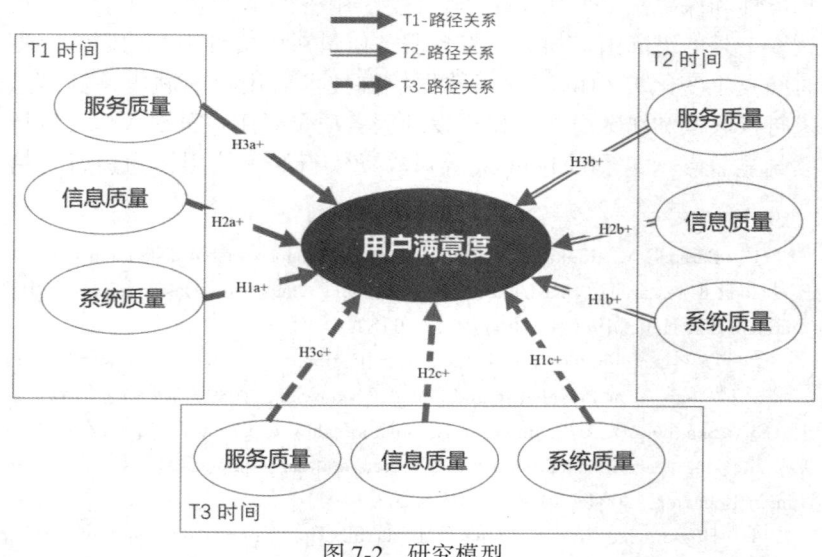

图 7-2 研究模型

---

① Baabdullah A M, Alalwan A A, Rana N P et al. Consumer Use of Mobile Banking(M-Banking) in Saudi Arabia: Towards An Integrated Model[J]. International Journal of Information Management, 2019, 44(2): 38-52.

7.2 研究设计及数据收集

7.2.1 测量工具

本章在国内外已有研究的基础上设计调查问卷,为了确保变量设计具有内容效度,本问卷中各题项均借鉴已有的成熟量表,其中系统质量、信息质量和服务质量来自 Delone 等①,用户满意度来自 Bhattacherjee②。问卷包括基本信息和测量量表两部分内容,基本信息主要收集问卷填写者的学校、姓名、性别、年龄、专业、学历等信息,采用实名制填写是为了能对样本对象进行持续跟踪。测量量表采用李克特 5 级量表形式,问卷中的测量题项见表 7-1。

表 7-1 问卷测量量表

变量名称	测 量 维 度
系统质量 (SYQ)	SYQ1 我认为移动图书馆的设计适合在手机等移动终端环境下使用
	SYQ2 移动图书馆具有良好的导航性
	SYQ3 移动图书馆具有良好的稳定性
	SYQ4 移动图书馆的响应速度和下载速度快

---

① Delone W H, Mclean E R. The De Lone and Mc Lean Model of Information Systems Success: A TenYear Update [J]. Journal of Management Information Systems, 2003, 19(4): 9-30.

② Bhattacherjee A. Understanding Information Systems Continuance: An Expectation-Confirmation Model[J]. MIS Quarterly, 2001, 25(3): 351-370.

续表

变量名称	测量维度
信息质量（IQ）	IQ1 移动图书馆的文字、图片、视频等内容可以很好地在手机等移动终端屏幕上显示
	IQ2 移动图书馆提供的信息内容是及时、准确的
	IQ3 移动图书馆能够提供我想要的文献、专利、论文等信息资源
	IQ4 移动图书馆能够提供大量丰富的资讯信息（新闻订阅、新书推荐等）
服务质量（SEQ）	SEQ1 移动图书馆提供移动咨询服务，帮助我解决使用中遇到的问题
	SEQ2 移动图书馆能通过不断提高、完善服务功能满足我的需求
	SEQ3 移动图书馆能够根据我的使用情境（如不同位置、不同任务等）提供相关服务
	SEQ4 移动图书馆能够提供个性化知识服务
	SEQ5 移动图书馆能够提供专业性知识服务
用户满意度（SA）	SA1 总体来看，我使用移动图书馆的经历是愉快的
	SA2 总体来看，我对使用移动图书馆的过程感到满意
	SA3 总体来看，移动图书馆满足了我的知识信息需求，我对移动图书馆的服务结果感到满意

7.2.2 样本收集过程

这项纵断研究持续了一个学期（3个半月）的时间，我们选择华中地区两所高校，在信息检索课和文献检索课上课间隙随机向学生发放问卷，在确定问卷回收后赠予填写者一份小礼品。参照已有的研究设计①，我们以一个月为时间间隔，在学期伊始进行了初次测量(T1)，接着在T1后1个月的第一天(T2)以及T1后2个月的第一天(T3)分别向样本对象发放纸质问卷并当场收回。在时间点T1共收集问卷282份，在时间点T2共收集问卷271份，在时间点T3共收集问卷290份。最后，根据问卷填写者提供的学校及姓名信息，并对问卷进行筛选，最终确定了三次均参加且有效的问卷各210份。

7.2.3 样本特征分析

本章首先利用SPSS 22.0软件对问卷填写者的基本信息进行统计，结果如表7-2所示。男性102人，占比为48.57%，女性为108人，占比为51.43%；年龄主要集中在18~22岁，占比为69.52%，18岁以下23人，占比为10.95%，23~27岁41人，占比为19.52%；理工农医类专业学生98人，占比为46.67%，文史政法类专业学生112人，占比为53.33%；本科及在读学生为161人，占比为76.67%，研究生49人，占比为23.33%。

表7-2 问卷填写者基本信息

类别	选项	样本数	比例(%)
性别	男	102	48.57
	女	108	51.43
年龄	18岁以下	23	10.95
	18~22岁	146	69.52
	23~27岁	41	19.52
专业	理工农医类	98	46.67
	文史政法类	112	53.33

---

① Ho K F, Ho C H, Chung M H. Theoretical Integration of User Satisfaction and Technology Acceptance of the Nursing Process Information System[J]. PloS one, 2019, 14(6): 17-22.

续表

类别	选项	样本数	比例(%)
学历	本科及在读	161	76.67
	研究生	49	23.33
总计		210	

7.3 数据分析

本节使用偏最小二乘法(PLS)结构方程模型(SEM)来验证概念模型。PLS算法是一种基于构念的结构方程建模技术，允许每个观测变量存在误差，更接近于潜变量的实际值①，此外，它与现存的CB-SEM(Covariance-based SEM)技术相比更适合进行理论探索性的研究，且因其使用Bootstrapping自抽样技术对样本量的要求也相对较低，样本量达到观测变量的10倍即可②，因而更适合本章的研究。本研究使用的软件工具是SmartPLS 3.0，这一新版本提供PLSc功能很好地解决了统计结果缺乏一致性的问题③。

7.3.1 信度、效度检验

信度的主要参考指标为克朗巴哈 α 系数(Cronbach's α)和组合

---

① Chin W W, Marcolin B L, Newsted P R. A Partial Least Squares Latent Variable Modeling Approach for Measuring Interaction Effects: Results from a Monte Carlo Simulation Study and an Electronic-Mail Emotion/Adoption Study [J]. Information Systems Research, 2003, 14(2): 189-217.

② 肖文龙. SPSS 中文版+Smart PLS3(PLS-SEM) [M]. 台北：基峰出版社, 2018: 15-20.

③ Dijkstra T K, Henseler J. Consistent Partial Least Squares Path Modeling[J]. MIS Quarterly, 2015, 39(2): 297-316.

信度(CR),效度分为内容效度、结构效度、区分效度,由于参考已有研究制定的问卷,所以内容效度符合要求,本部分主要对结构效度和区分效度进行验证,其主要参考指标为因子载荷、AVE 和因子间的相关矩阵。考虑到本研究采用的三次问卷题项设计一致,利用 SmartPLS 3.0 软件对 T1 时间点采用的问卷的信度和效度进行检验,结果如表 7-3、表 7-4 所示。

表 7-3 问卷的信度和效度(T1 时间)

变量名称	题项	Cronbach's α	因子载荷	CR	AVE
系统质量	SYQ1	0.761	0.724	0.848	0.582
	SYQ2		0.746		
	SYQ3		0.819		
	SYQ4		0.759		
信息质量	IQ1	0.809	0.715	0.875	0.636
	IQ2		0.812		
	IQ3		0.848		
	IQ4		0.810		
服务质量	SEQ1	0.850	0.823	0.893	0.626
	SEQ2		0.786		
	SEQ3		0.732		
	SEQ4		0.853		
	SEQ5		0.756		
用户满意度	SA1	0.843	0.874	0.905	0.762
	SA2		0.826		
	SA3		0.917		

由表 7-3 和表 7-4 可知,在 T1 时间点,系统质量、信息质量、服务质量和用户满意度 4 个变量的 Cronbach's α 和 CR 都大于 0.7,表明变量的信度达到了进一步分析的要求,这 4 个变量

的因子载荷都大于 0.7，AVE 值都大于 0.5，表明变量的结构效度达到了要求，各变量 AVE 值的平方根大于其与其他变量的相关系数，表明区分效度达到了要求，因此，T1 时间点变量的信度和效度均满足进行下一步分析的要求①。因三次问卷调查使用的测量工具完全一致，T2 和 T3 验证结果均通过测量模型的验证，不做赘述。

表 7-4　变量间相关矩阵（T1）

潜变量	信息质量	满意度	服务质量	系统质量
信息质量	0.798			
满意度	0.488	0.873		
服务质量	0.400	0.409	0.791	
系统质量	0.497	0.426	0.485	0.763

备注：对角线是 AVE 的平方根。

7.3.2　结构方程模型验证

利用 SmartPLS 3.0 软件对 T1、T2 和 T3 三个时间点模型的 3 条路径进行验证，利用 Bootstrapping 方法从原始数据中选取容量为 1000 的样本，T1、T2 和 T3 时间点结构模型验证及影响力关系如图 7-3 所示，模型各路径的系数及其显著性结果如表 7-5 所示。根据 R^2 值的测算，T1、T2 和 T3 三个时间点变量对模型的解释力度分别为 66.5%、79.6%、43.3%。

---

① Fornell C, Larcker D F. Structural Equation Models with Unobservable Variables and Measurement Errors[J]. Journal of Marketing Research, 1981, 18(1): 39-50.

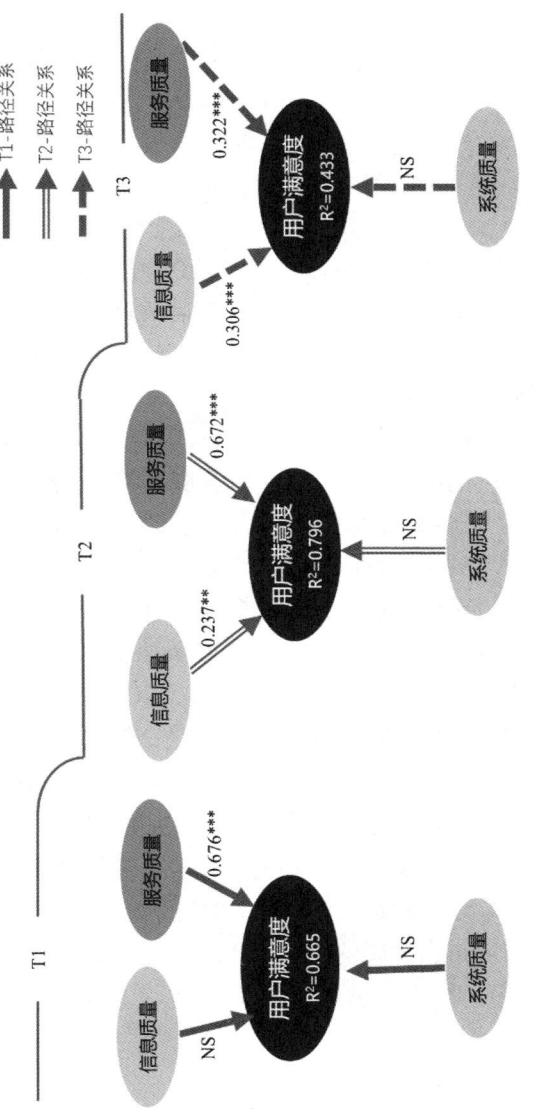

图 7-3 T1，T2 和 T3 时间点结构模型验证

7.3.3 路径关系强度测量

根据 Cohen 的研究,路径系数结合显著性特征可以判断影响力强弱:在 $p<0.05$ 水平下,路径系数值小于 0.3 是弱影响,路径系数值介于 0.3 与 0.5 是中等影响,路径系数值大于 0.5 是强影响[1]。由表 7-5,在 T1 时间点,系统质量和信息质量对用户满意度的影响没有达到 0.05 的显著性水平,故不继续进行影响强度的判断;服务质量对用户满意度的影响达到了 0.001 的显著性水平,进一步从影响力强度来看,服务质量对满意度的路径系数为 0.676 大于 0.5,达到了强影响。在 T2 时间点,系统质量对满意度的影响不显著,故不继续判断;信息质量和服务质量对满意度的影响分别达到了 0.01 和 0.001 的显著性水平,进一步从影响力强度来看,信息质量对满意度的影响为 0.237,影响水平较弱,而服务质量对满意度的影响为 0.672 大于 0.5,达到了强影响。在 T3 时间点,系统质量对满意度的影响没有达到显著性水平,故不继续判断;信息质量和服务质量对满意度的影响达到了 0.001 的显著性水平,进一步从影响力强度来看,信息质量和服务质量对满意度的影响均达到了中等影响水平。图 7-4 展示了 T1,T2 和 T3 三个时间点系统质量、信息质量和服务质量对满意度影响的路径系数变化关系图,可以观察得出:由 T1 到 T3 时间点,信息质量对满意度的影响呈现增强的趋势,服务质量对满意度的影响呈现减弱的趋势。

综合对结构模型的验证结果和对路径关系影响强度的判断可以得出:关于系统质量与满意度的假设,H1a,H1b 和 H1c 拒绝原假设;关于信息质量与满意度的假设,H2a 拒绝原假设,H2b 和 H2c 接受原假设;关于服务质量与满意度的假设,H3a 接受原假设,H3b 和 H3c 拒绝原假设。

---

[1] Cohen J. Quantitative Methods in Psychology:A Power Primer [J]. Psychol Bull,1992,112(1):1155-1159.

7.3 数据分析

表 7-5 三个时间节点的路径系数及显著性

项目	T1			T2			T3		
假设路径	SYQ→SA	IQ→SA	SEQ→SA	SYQ→SA	IQ→SA	SEQ→SA	SYQ→SA	IQ→SA	SEQ→SA
路径系数及显著性	0.118	0.066	0.676***	0.012	0.237**	0.672***	0.151	0.306***	0.322***
T 值	1.697	0.802	8.629	0.142	2.654	8.059	1.571	3.717	3.616
P 值	0.090	0.423	0.000	0.887	0.008	0.000	0.117	0.000	0.000
R^2	0.665			0.796			0.433		

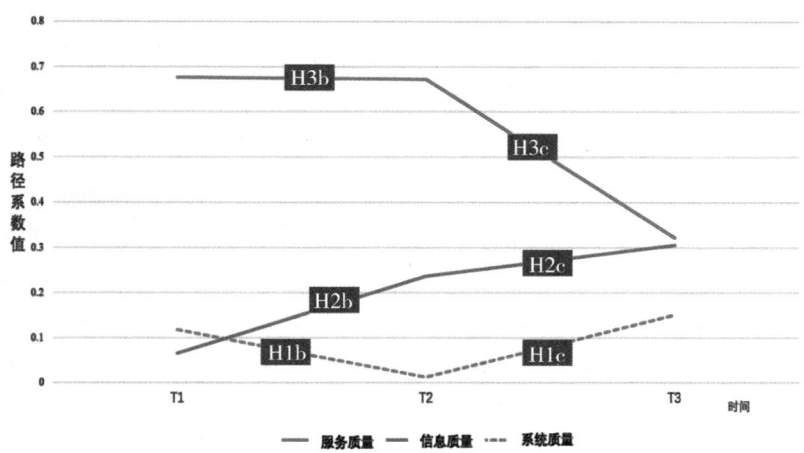

备注：虚线表示路径关系不显著。

图 7-4 系统质量、信息质量和服务质量对满意度影响的路径系数随时间变化的关系图

7.4 结论与启示

7.4.1 理论意义

满意度是驱动用户持续使用 IS 的重要因素，本章在 D&M 理论模型基础上通过 3 个时间点上用户使用移动图书馆的样本数据展示了系统质量、信息质量和服务质量对满意度影响的强度和方向，主要形成了以下三个方面的结论。

(1) 持续使用时间对系统质量与用户满意度之间的关系影响不显著

本章研究发现在用户持续使用移动图书馆的过程中，系统质量对用户满意度的影响始终不显著，这与已有的一些研究结论一致。如 21 世纪初 Venkatesh 就曾在研究中报道过，信息系统的易用性对用户使用意愿不具有显著影响，因为"当系统功能变得寻常，人们不再重视它"①，类似的研究结论见文献②。本研究的样本对象以高校学生为主，用户群体具有较高的信息素养，对技术和系统操作都较为熟练，且移动图书馆几乎没有更新的系统和版本，用户对于已经熟悉和了解的系统不会投入更多的关注，系统质量也不会在日后的应用中对用户满意产生更多的贡献。这在另一方面也再次印证了一条规律即：用户对系统的期待不是"它离完美有多远，而是系

---

① Venkatesh V A D. A Theoretical Extension of the Technology Acceptance Model: Four Longitudinal Field Studies[J]. Management Science, 2000, 46(2): 186-204.

② Drennan J, Kennedy J, Pisarski A. Factors Affecting Student Attitudes Toward Flexible Online Learning In Management Education[J]. The Journal of Educational Research, 2005, 98(6): 331-338.

统产出是否能满足我的工作需求"①,能够满足需求的系统就会成为一种"常态",在用户持续使用的过程中不再成为"主角"②。本研究认为这与信息系统发展的规律性特征一致且契合,IT/IS 终归是一种辅人性的工具,机械化硬件的本质在帮助用户完成工作任务的同时就已经实现了其全部价值,而在当今充满变化的信息社会,对用户满意能够持续产生关键影响作用的应该是持续改进的、满足用户个性化需求的服务。

(2)信息质量与用户满意度之间的影响关系在不同使用时间点上变化明显

信息质量的概念最早提出于质量管理领域,历经半个多世纪的发展,对于高质量信息的定义从最初的"满足规范或要求③",到今天,以是否满足信息消费者的需求作为判断信息质量高低的标准④。本章中的信息质量是用户对移动图书馆文献资源是否满足其自身需求的总体评价,包括文献资源的有用性、全面性、更新及时性等。与互联网上各种质量参差不齐的信息源相比,移动图书馆的文献资源从数量、权威性、专业性方面应该具有明显的优势,这一点显然也是用户使用移动图书馆的根本原因。在用户使用的初始阶段,由于使用时间过短,尚没有充分体验到资源的充分性和全面性特征,因而对满意的影响也未充分体现出来。随着后期使用频率增

---

① Eivazzadeh S, Berglund JS, Larsson T C, et al. Most Influential Qualities in Creating Satisfaction among the Users of Health Information Systems: Study in Seven European Union Countries[J]. JMIR Medical Informatics, 2018, 6(4): 11-25.

② Ibili E, Resnyansky D, Bllinghurst M. Applying the Technology Acceptance Model to Understand Maths Teachers' Perceptions Towards an Augmented Reality Tutoring System[J]. Education and Information Technologies, 2019, 24(5): 1-23.

③ Wang R Y, Strong D M. Beyond Accuracy: What Data Quality Means to Data Consumers[J]. Journal of Management Information System, 1996, 12(4): 5-34.

④ Pipino L L, Lee Y W, Wang R Y. Data Quality Assessment[J]. Communications of the ACM, 2002, 45(4): 211-218.

加,用户对诸如文献数据库的收录范围、覆盖的学科特征、更新频率、检索和获取方式等都会有更全面深入的了解,这一关乎用户使用需求的关键问题也持续取得了用户的关注,因此在后期 T2 时间点和 T3 时间点的测度中,信息质量对满意度的影响在影响强度上显著增强,明显呈现递增的趋势,这一结论也与已有文献报道的一致①。

(3)服务质量对用户满意度的影响随使用时间持续显著

2003 年 Delone 等在已有研究的基础上提出了一个修正的 D&M 模型,增加了服务质量变量,认为服务质量是影响用户满意度的重要变量②,之后大量研究证实了服务质量对用户满意度具有显著正向影响③,但是在用户持续使用过程中服务质量如何影响满意度,特别是对其变化的强度和方向,相关研究较少。本研究动态追踪移动图书馆固定用户群体,通过实证研究验证了在移动图书馆环境下,服务质量对移动图书馆用户满意度始终具有显著正向影响,影响强度也保持在一个较高的水平。

7.4.2 实践意义

首先,挖掘用户对系统质量的需求,发挥移动图书馆系统对用户满意度的贡献。一些具体建议如:开展追踪式的用户调研,收集移动图书馆用户对系统使用的体验数据,通过访谈、问卷等一手数据或者通过后台采集用户的使用日志分析用户对系统的真实需求,

---

① Cheng M, Yuen A H K. Student Continuance of Learning Management System Use: A Longitudinal Exploration[J]. Computers& Education, 2018(120): 241-253.

② Delone W H, Mclean E R. The De Lone and Mc Lean Model of Information Systems Success: A TenYear Update [J]. Journal of Management Information Systems, 2003, 19(4): 9-30.

③ Yu Y, Jing F, Bang N, et al. As Time Goes By … Maintaining Longitudinal Satisfaction: A Perspective of Hedonic Adaptation[J]. Journal of Services Marketing, 2016, 30(1): 63-74.

7.4 结论与启示

有针对性的推出新的功能版本,通过准确判断并不断满意用户对系统的要求提升用户黏性,在用户持续深度使用过程中发挥系统对用户满意度的贡献和价值。

其次,加快开发移动图书馆的优质内容资源,使高质量的馆藏资源成为持续吸引用户的核心力量。一些具体建议如:在移动图书馆系统中增加特色馆藏的数据,满足用户对特色馆藏的内容需求;在全面调研用户需求的基础上,及时更新热门书籍信息,或者利用导航或链接,间接引荐和介绍最新的热门书籍;通过大数据收集和分析,根据用户的搜索行为特征增加内容资源个性化推荐的功能,在用户不清楚自身需求的情况下也能准确洞察用户对资源的需求,及时推荐所需要的高质量、定制文献。

最后,将"以读者为本、服务读者"的图书馆历史责任和核心理念贯穿到移动图书馆管理和服务中,促进线下服务与线上服务融合,充分发挥移动图书馆嵌入式服务的能力。近年来,国内外一些科研院所和高校图书馆陆续开展了面向科研人员的嵌入式服务,但是长期存在着服务延迟、需求难以准确获取等问题,建议根据科研生命周期理论,设计面向不同阶段群体的移动图书馆系统模块,在同一个操作界面上促成馆员为科研工作提供精准的、实时的咨询和服务,使移动图书馆真正成为科研人员的工作助手。类似的,面向高校学生群体,可以根据不同年级、不同学期阶段设计相应的服务模块,使搭载在移动图书馆系统之上的嵌入式服务"无处不在",在服务中真正实现图书馆的价值。

回顾现有针对 IS 用户行为的研究,多采用横断研究方法,静态研究变量间的关系,这种方法体系下的实证研究结论只适合于解释被调查者"此时此刻"的行为特征。本章设计一个纵断研究框架,以信息系统成功模型为理论基础,选取移动图书馆用户为调查对象,持续追踪 210 名用户在三个半月时间使用移动图书馆系统的感知样本数据,揭示了在不同时间点系统质量、信息质量和服务质量对满意度影响在方向和强度上的变化规律和特征,在此基础上为解释移动图书馆用户行为以及促进移动图书馆系统更新和服务持续优化提供了若干建议和参考。

第 7 章 移动图书馆用户满意度研究

作为一项探索性的实证研究,本章在研究设计上也存在一些局限性,主要包括以下三个方面。首先,时间是影响满意度动态变化的重要因素①,但是本章在研究设计中没有考虑时间影响的更多细节,比如存在于学期中期的期中考试周和临近学期结束的期末考试周对样本对象的使用行为可能产生影响,而学期初期各种放假活动也可能影响样本对象的使用行为及其对移动图书馆的满意度,在未来的研究中需要更充分、细致的考虑数据采集的时间间隔以及与时间因素有关的影响。其次,本章是以移动图书馆系统为例研究了用户对 IS 满意度的影响因素及动态变化的规律,结论是否稳健还需要结合更多的应用情境,如针对学术搜索系统、在线学习系统等,通过对用户使用系统过程中的满意度及影响因素的动态变化性进行持续观测,对比和验证本研究结论的普遍适用性。最后,本章采用了结构化问卷作为数据收集的方法,虽然是现有进行纵断研究的主要技术,但是在展现行为的连续、动态变化特征方面仍然具有较多的局限性,未来我们也将结合用户使用系统后留下的各种痕迹数据,结合主题模型等文本分析技术动态展现 IS 用户满意度影响因素的结构特征和变化规律。

---

① Yu Y, Jing F, Bang N, et al. As Time Goes By…Maintaining Longitudinal Satisfaction: A Perspective of Hedonic Adaptation [J]. Journal of Services Marketing, 2016, 30(1): 63-74.

第8章　ResearchGate 平台用户学术交流行为研究

　　学术交流的主体是科研工作者，交流的内容是与学术有关的信息、知识和数据，学术交流包括了科研工作者之间以学术研究为目的的一切正式和非正式的信息交流。科学2.0时代打破了正式交流需要以文献出版机构为中介和载体的局面，社交媒体平台开始越来越广泛地被应用于首发论文和传播论文，这也模糊了传统科技情报领域中正式交流与非正式交流的边界，打破了正式交流中的时间和空间的限制，创造了学术交流的新模式。学术社交媒体以 ResearchGate 平台(本章中简称"平台")的应用最具代表性，至今已经有超过1 900万的用户，是目前主流的学术交流平台之一。该平台提供科研人员建立个人主页、文献上传与下载、文献检索、提问与回答、发布职位、评论、RG 指数等功能，科研人员通过使用平台提供的各项功能实现学术信息的发布与获取。本章重点调查了平台上我国某高校科研人员文献上传和分享的行为特征，结合文献调研的结论，分析我国科研机构使用学术社交媒体进行学术交流的总体现状，通过对用户行为轨迹数据的分析，客观呈现科学2.0时代科研人员的学术交流行为特征。

第 8 章 ResearchGate 平台用户学术交流行为研究

8.1 ResearchGate 平台用户行为研究述评

平台是由 Dr. Ijad Madisch、Dr. Sören Hofmayer 和 Horst Fickenscher 于 2008 年 5 月创立上线,经过四轮融资已经成长为当今最具代表性的学术社交媒体平台,该平台不仅为科研人员提供了学术交流的重要媒介,同时因其独特的运营服务模式也成为科研人员研究的对象。根据论文检索结果(见图 8-1),截至 2021 年 6 月 30 日,在中国知网(CNKI)上以"ResearchGate"为题名的论文有 156 篇,其中 92%(144 篇)发表于 2018 年至今。这些有关该平台的研究归纳起来可以划分为以下三个方面。

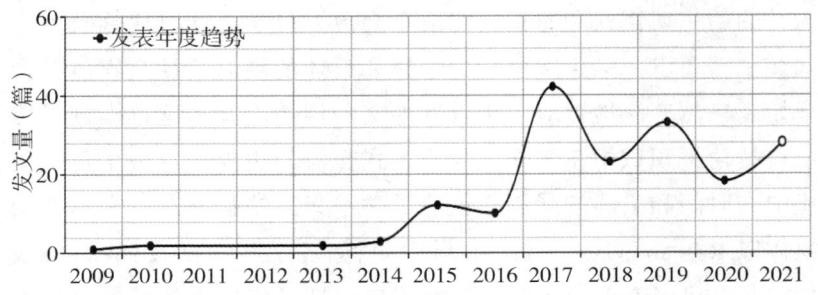

图 8-1 ResearchGate 相关文献在 CNKI 库检索结果的年代分布

(1)关于平台技术功能的研究

平台的创建得益于 Web 2.0 技术的发展,在充分利用社交媒体技术基础上为用户提供了学术交流可用的技术功能,包括个人界面设计与展示、评论他人分享的文献资料、分享文献资料到其他平台、文献资料阅读量统计等,期刊数据库功能则包括是否提供全文在线阅览或下载、文献资料被引相关数据及图表、引用文献资料、RG 指数等。韩文等详细调查了平台对科研活动辅助的技术功能,认为目前的功能能够聚合科研资源,提高学术交流效率,增加合作

8.1 ResearchGate 平台用户行为研究述评

机会,可以作为学术资源管理工具和学者评价的替代计量指标,但是还需要增加更多的功能加速科研成果的转化,加速学术界与企业研究人员的连接①。任平平从用户需求出发,概括了平台具有的三项重要功能:自我推广、科研成果管理与在线形式的学术交流②。张义民等人通过谷歌趋势和百度指数对 ResearchGate 的关注度和使用情况进行分析,比较时间、区域搜索热度变化,总结出国内对 ResearchGate 的关注时间与关注度不及国际水平,同时主要集中在 ResearchGate 提供的文献分享功能上,整体利用程度不高③。牛艳霞模型构建的基础尚发现基于 Web 2.0 技术,大量用户向平台上传了优质的学术资源,这使得该平台所含的学术资源非常丰富,在准确性上超过了学术搜索引擎④。

(2)关于平台用户使用行为的调查分析

根据最新的数据,平台注册用户数已经超过 1 500 万人,活跃用户达 150 万,用户来自 193 个国家和地区,从机构注册情况看,有 2 258 家欧洲高等教育机构、4 355 家美国高等教育机构以及我国"985"和"211"重点高校基本都在该平台注册了机构认证用户。平台要求用户使用机构邮箱注册,因此相关的调查研究都以机构为单位调查用户的使用行为。如刘雯以东北大学平台用户为研究对象,研究其用户活跃度、用户与学科或者学科与学科之间的相关性,结果发现关注相近领域的学科和主题词的用户之间的相关关系较强⑤。王瑞与李思瑐等学者以南京大学的平台用户为

---

① 韩文,刘畅,雷秋雨. 分析学术社交网络对科研活动的辅助作用以 ResearchGate 和 Academia. edu 为例[J]. 情报理论与实践,2017,40(8):105-111.

② 任平平. ResearchGate 实现学术社交网络国际化[J]. 国际人才交流,2020(5):52-53.

③ 张义民,韩文,雷萌. 基于谷歌趋势和百度指数的 ResearchGate 关注度及使用情况分析[J]. 情报科学,2017,35(7):60-64.

④ 牛艳霞,张耀坤,黄磊. 基于 UTAUT 模型的学术社交网络使用行为影响因素研究[J]. 图书馆,2020(4):91-97.

⑤ 刘雯. 学者在线科研交流行为研究以 ResearchGate 平台东北大学用户为例[J]. 图书馆刊,2019,41(3):118-125.

第 8 章 ResearchGate 平台用户学术交流行为研究

研究对象，采用主成分分析方法分析用户特征从而探究用户身份、使用行为等对学术交流效果的影响。结论显示自然科学科研人员占比较最多，同时高影响力学者在使用平台后对学术交流效率具有正向影响①。仝晶晶基于 iSchool 联盟成员进行调查，探究不同文化背景下的科研人员对于学术社交平台的使用行为，结果显示不同 iSchool 院系对平台的采用率存在较大差异、不同国家图情学者的共享信息等行为有较大差异等②。Weiwei Yan 等人对大量美国研究型大学的平台用户的学科等信息进行统计分析，结果显示自然科学学科比社会人文学科的用户在不同的行为指标上有更高的表现，其中包括注册人数、人均分享次数，其中物理科学有最高的人均文献分享次数，达到了人均 46.52 篇③。学者刘晓娟等人以北京师范大学的 ResearchGate 用户为研究对象，分析了用户对平台的利用度与分享行为等指标的关系程度，结合相关研究表明了自然科学研究人员更为活跃，社会人文科学参与度与可见度都比较低④。学者邓胜利通过综合比较 Altmetric.com、Mendeley 和 Research Gate，发现不同身份、不同学科用户对不同平台的使用存在一定的差异⑤。

（3）关于平台上传文献的特征分析

平台的文献分享功能是辅助学术交流的主要功能，用户通过上传和下载文献实现了学术知识的扩散和传播。学者上传的文献自身

---

① 王瑞，李思瑢，袁勤俭.学术社交网络用户特征对知识交流效果的影响以南京大学 ResearchGate 用户为例[J].图书情报知识，2020(4)：97-105，132.

② 仝晶晶.学术社交网络利用行为比较研究基于 iSchool 联盟成员的调查[J].情报科学，2020，38(3)：29-34.

③ Wy A, Yin Z B, Tao H C, et al. How does scholarly use of academic social networking sites differ by academic discipline? A case study using ResearchGate[J]. Information Processing & Management，2021，58(1)：102430.

④ 刘晓娟，余梦霞，黄勇，等.基于 ResearchGate 的学术交流行为实证研究以北京师范大学为例[J].情报工程，2016，2(3)：26-36.

⑤ 邓胜利，向阳.基于学术社交网络的文献阅读及学科关注点差异研究[J].图书情报工作，2017，61(6)：99-106.

具有丰富的客观属性，包括发表时间、是否提供全文下载权限、是否合著等，通过对文献客体属性的研究间接反映用户的学术交流行为特征。如 Mohammad 等人通过对四所来自不同国家的高校的在平台上分享的论文的开放全文权限数据进行比较，结果表明全文权限与被引次数之间存在着正相关关系，但同时在发展中国家由于政策支持有限，导致作者在选择发表的期刊上无力支付 OA（开放获取）出版费用，导致无法提供全文权限①。Angel 于 2016 年将西班牙 13 所顶尖大学的机构数据库与平台比较，在 2014 年这些大学的科研人员发表的文章中只有 11.1%可以在机构数据库中找到，而 54.8%可以在 ResearchGate 平台上找到并提供了全文下载权限②。

通过对已有文献的调研可以看出，平台产生以来，学术界对平台的关注度与日俱增，科研人员是否使用平台以及如何使用平台交流学术信息成为研究的热点。总体上看，针对科研机构用户使用平台进行正式和非正式学术交流的调查仍不够系统和丰富，应加强对科研人员使用平台进行学术交流行为的特征研究进一步促进平台辅助学术交流功能的优化。

8.2　ResearchGate 平台用户行为调查

文献上传和分享功能是平台辅助正式学术交流的典型代表性功能，同时在用户上传和分享文献过程中留下了大量的行为轨迹为研究学术交流行为规律提供了可用的数据基础。本节中选取我国一所重点高校（后简称"机构"）作为研究案例，对该机构平台用户的文

---

① Sababi M, Marashi S A, Pourmajidian M, et al. How accessibility influences citation counts: The case of citations to the full text articles available from ResearchGate[J]. A Journal on Research Policy & Evaluation, 2017, 5(1).

② Borrego A. Institutional repositories versus ResearchGate: The depositing habits of Spanish researchers [J]. Learned Publishing, 2017, 30(3): 185-92.

第8章 ResearchGate 平台用户学术交流行为研究

献使用行为进行调研和分析，通过采集和获取该机构科研人员的完整身份信息和文献分享行为信息发现科研人员在科学 2.0 时代的学术交流行为规律。具体的，本章研究的主要问题如下：

（1）ResearchGate 上科研人员的文献分享行为与学科之间的关系；

（2）ResearchGate 上科研人员科研身份对文献分享行为的影响关系；

（3）ResearchGate 上科研人员上传的文献在作者合著方面存在何种特征；

（4）ResearchGate 上科研人员上传的文献在下载权限方面存在何种特征。

8.2.1 数据收集

本研究首先获取了机构的全部科研人员名单形成名单列表，字段包括学院名称、中文姓名、英文姓名、科研身份，收集到的原始科研人员涉及 56 个院系共 4 836 名。接着根据名单列表逐一抓取在 ResearchGate 平台上的所有用户信息，抓取的具体字段包括用户账号、用户名、文献资料标题、文献资料发表时间、全文下载权限、文献资料种类、所属院系信息，采集到存在文献上传行为的用户总共 2 809 名，文献总共 105 805 条。考虑到存在用户未注册、名单列表不全等情况，进一步对数据进行了清洗、匹配处理，最终获得符合要求的样本科研人员 893 名，文献总共 32 591 条，涉及 40 个院系。

8.2.2 数据分析

（1）文献分享行为概述

通过对所有上传的文献成果进行分析发现，科研人员上传的文献包括论文文章（Article）、数据（Data）、会议论文（Conference Paper）、预印本（Preprint）、章节（Chapter）等 19 种不同类型的科研成果，人均上传文献量达到36.4次，超过50次的有251人，占比为28.1%；人均上传文献量处于30~49次的有160人，占比17.9%；人均上传文献量处于10~29次的有306人，占比为34.2%；人均上传文献量为9次以下的有176人，占比为19.8%。

从文献类型看，除了常见的期刊论文、会议论文等，也包括了在科研过程中产生的记录科研过程的文件，如记录实验结果的数据文件，展示科研过程的计划文件，标志科研进展的文献，进行实验的代码文件等等。在被上传的32 591条科研成果中，期刊论文总计有26 465条，占比达81.2%；其次是数据类型和会议论文，占比分别为7.9%(2 598条)与6.1%(1 984条)；最少的是实验发现与文献综述，这两类分别展示了研究过程中的主要科研发现以及研究概述。通过数据分析可以发现，上传和分享期刊论文仍然是ResearchGate平台用户最偏好的文献类型。

(2)学科分析

用户隶属院系通常代表了用户所属学科，本研究将样本机构的40个院系所代表的学科划分为自然科学和社会科学两类，其中自然科学类包括了32个院系，人文社会科学类包括18个院系，表8-1和表8-2分别展示了不同学科下各个学院隶属科研人员文献上传的总次数及人均上传文献次数。总体上看，在自然科学类学科，总文献上传次数最多的学院为生命科学学院，总数为2604；人均文献上传次数最高的学院为化学学院，人均文献上传次数约为55.3次，远高于整体均值29.6次；有约62%的学院人均文献上传次数高于整体均值。在社会科学类学科，总文献上传次数最多的学院为地理科学与规划学院，为660次；人均文献上传次数最高的学院为旅游学院，约为34次，略高于整体均值；仅有2个学院的人均文献上传次数达到整体均值。进一步对两类学科科研人员的文献上传次数进行了统计相关性检验，发现两组之间存在显著差异($p<0.05$)，其中自然科学的人均文献上传次数为33.3次，而社会科学的人均文献上传次数仅为13.2。

表 8-1 自然科学类学科分布分析

序号	学院	文献上传总次数	人数	人均文献上传次数
1	化学学院	2 324	42	55.33
2	药学院	1 759	33	53.30
3	电子与信息工程学院(微电子学院)	1 045	21	49.76
4	材料科学与工程学院	1 055	22	47.95
5	公共卫生学院	872	20	43.60
6	逸仙学院	86	2	43.00
7	农学院	250	6	41.67
8	药学院(深圳)	411	10	41.10
9	公共卫生学院(深圳)	241	6	40.17
10	环境科学与工程学院	1 162	30	38.73
11	材料学院	74	2	37.00
12	电子与通信工程学院	142	4	35.50
13	化学工程与技术学院	212	6	35.33
14	物理学院	1 726	50	34.52
15	生命科学学院	2 604	81	32.15
16	物理与天文学院	448	14	32.00
17	计算机学院(软件学院)	959	32	29.97
18	生物医学工程学院	209	7	29.86
19	数学学院	1 579	54	29.24
20	地球科学与工程学院	292	10	29.20
21	微电子科学与技术学院	87	3	29.00
22	大气科学学院	1 303	46	28.33

8.2 ResearchGate 平台用户行为调查

续表

序号	学院	文献上传总次数	人数	人均文献上传次数
23	中山医学院(含实验动物中心)	592	21	28.19
24	土木工程学院	392	14	28.00
25	测绘科学与技术学院	301	11	27.36
26	航空航天学院	589	23	25.61
27	海洋科学学院	1 686	68	24.79
28	医学院(深圳)	324	14	23.14
29	智能工程学院	314	15	20.93
30	中法核工程与技术学院	406	21	19.33
31	海洋工程与技术学院	58	3	19.33
32	护理学院	81	7	11.57

备注：按人均分享次数从高到低排序。

表 8-2 社会科学类学科分布分析

序号	学院	文献上传总次数	人数	人均文献上传次数
1	旅游学院	136	4	34.00
2	地理科学与规划学院	660	21	31.43
3	信息管理学院	105	5	21.00
4	心理学系	467	25	18.68
5	历史学系	18	1	18.00
6	管理学院	493	36	13.69
7	外国语学院	119	10	11.90
8	传播与设计学院	58	5	11.60
9	岭南学院	282	25	11.28

续表

序号	学院	文献上传总次数	人数	人均文献上传次数
10	国际关系学院	11	1	11.00
11	国际翻译学院	21	2	10.50
12	社会学与人类学学院	182	19	9.58
13	政治与公共事务管理学院	156	17	9.18
14	哲学系	144	18	8.00
15	国际金融学院	14	2	7.00
16	系统科学与工程学院	6	1	6.00
17	法学院	9	2	4.50
18	中国语言文学系	1	1	1.00

备注：按人均分享次数从高到低排序。

本研究进一步探究了不同学科科研人员在 ResearchGate 平台的文献上传行为是否有显著变化，对近十年的文献数据按照发表年份进行了统计（见图 8-3），结果显示社会科学类科研人员在近十年上传文献的数量在变化上比较平缓，而自然科学的科研人员增速较为

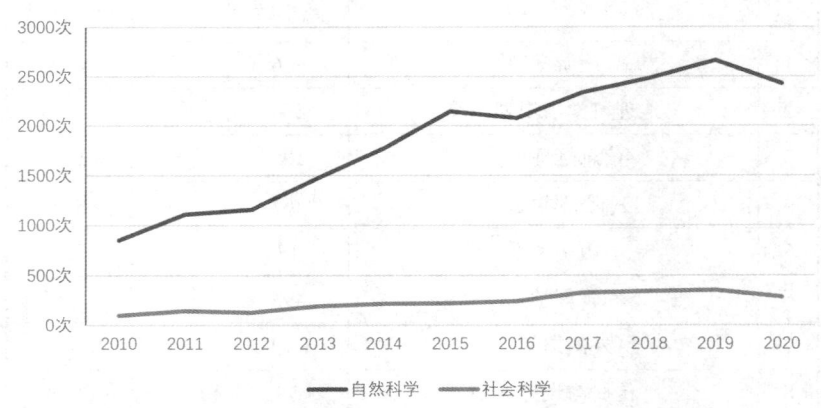

图 8-3　不同学科近十年文献上传量趋势图

8.2 ResearchGate 平台用户行为调查

明显。

(3) 科研身份

通过对科研人员个体身份数据的收集、归类和分析,将所有的科研人员身份划分为 13 类,包括教授、副教授、助理教授、特聘研究员、特聘副研究员、博士后、讲师、专职科研人员、副研究员、专职科研副研究员、客座/兼职教授、工程师、荣/退教师。其中,占比最高的科研身份是副教授,共 388 名,占比 43.4%,其次是教授,共 288 名,占比 32.2%。

图 8-4 分组箱线图展示了文献上传次数与科研身份之间的分布与对应关系,研究发现教授职位的科研人员达到了 44.8 次,主要分布范围在 20~70 次。副教授身份的科研人员仅为 27.01 次,主要分布范围为 15~40 次。根据分组箱线图分析的结果,存在部分副教授个体的分享次数异常,远高于主要分布范围;其他身份主要分布范围在 0~20 次。客座/兼职教授与其他类型有较为明显的差别,可能作为解释的原因是该类型个体较少,且该类型通常具有较高的学术身份。进一步采用统计学方法,以身份类型作为单因素方差分析的影响因子进行方差分析,结果发现各分组之间存在显著差异($p<0.05$),说明不同科研身份与文献上传次数之间存在显著的

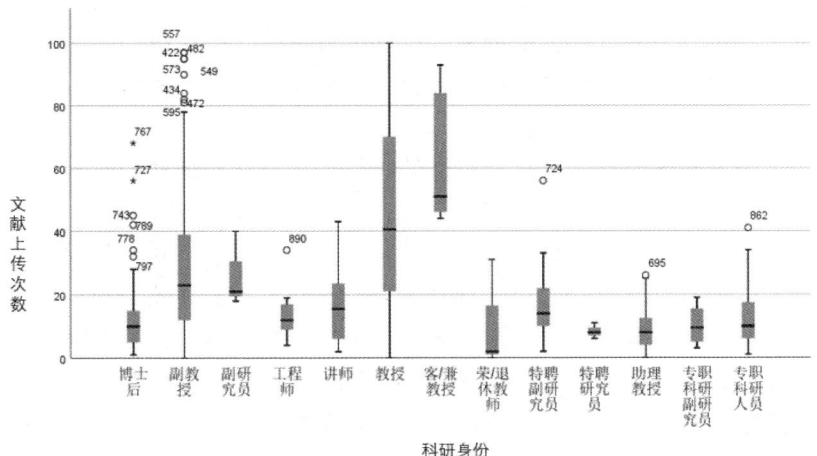

图 8-4 文献上传次数与科研身份分布分组箱线图

相关性。

(4) 论文合著关系分析

考虑到合著主要存在于期刊论文载体,因此本研究主要对期刊论文的合著情况进行了分析。在 26 465 篇期刊论文中,合著论文数占总论文量的3%,非合著论文数占总论文量的97%。为了进一步验证合著与非合著对科研人员上传文献行为的影响,本研究采用了独立样本 T 检验方法对合著论文与非合著论文进行了比较分析。统计结果显示,非合著论文平均被上传次数为 3.24 次,最大上传篇数仅仅为 47;而合著类型的文献平均被上传 29.3 篇,最大上传篇数为 100。T 检验结果显示两组存在显著差异($p<0.05$),说明非合著、合著类型文献与文献上传次数之间存在显著相关。此外,通过进一步的数据分析可以发现,存在部分文献被多次通过不同的用户上传到 ResearchGate 平台上。对这些重复上传文献的用户进行分析发现,这些用户都是论文的合著者,每位作者都有上传文献的机会,因而合著类型的论文被不同学者上传的概率更高。根据已有的研究表明,一篇文献作者的数量与其被引用的次数之间有正相关关系,被多位学者上传到 ResearchGate 平台则有利于文献被引,从而提升文献影响力。有部分文献被上传到 ResearchGate 的次数达到 4 次甚至更多,原因是该部分文献在 ResearchGate 平台上被四位甚至更多的用户上传分享,增加了文献被上传到平台的次数。因而,合著类型的文献更可能被上传并且也更容易获得关注度和影响力。

(5) 文献全文权限分析

为了验证科研人员在上传文献时是否提供全文下载的权限,对所有期刊论文数据进行了统计。共有 832 人次提供了共 11376 篇可供全文下载权限的文献,占比仅为 42.99%,反之,不能下载的论文占比为 57.01%。通过采用独立样本 T 检验,发现论文能否提供全文权限两组样本间存在显著差异($p<0.05$),更多科研人员不愿意提供全文下载权限。已有文献表明,能提供全文下载将有效的提升文献传播效率,但是本章的研究发现过半论文不能提供全文下载,说明科研人员在提供论文自由下载权限方面意愿和积极性并不高。

8.2 ResearchGate 平台用户行为调查

8.2.3 结论与启示

本章中选取了一个样本机构进行案例研究，通过对机构所属科研人员在 ResearchGate 平台上的文献上传行为进行分析，形成以下五个方面的主要结论。

（1）文献分享的数量与类型多样

样本机构科研人员在 ResearchGate 平台上发布论文成果有较高的参与度与积极性，人均上传科研成果量达到了 36.4 次，高于文献调研中的其他高校①。从上传的文献类型看，文献成果范围涵盖了期刊论文、数据、会议论文、预印本等共 19 种类型。其中，占据主导地位的仍然是期刊论文，占据上传文献总量的 81.2%。不得不承认，尽管 ResearchGate 平台建设的宗旨是为科学家提供非正式交流的场所，但是没有改变其沦为文献数据库的现实，科学家在 ResearchGate 平台上主要获取的还是静态的文献，而不是动态的学术信息，这可能违背了 ResearchGate 平台建设的初衷。本书将在第 9 章深入讨论"学术社交不足的原因及驱动策略"。通过数据分析，我们可以看到一个欣喜的变化，在上传文献类型中，科学数据的占比已经达到上传文献总量的 7.9%，科学数据作为科学交流的重要且独立的知识单元，在当今信息技术的推动下其公开和共享趋势愈加明显，ResearchGate 平台开始成为科学数据开放获取的桥梁和纽带。此外，在上传文献类型中，未经同行评审就发表的预印本文献也占据了一定比例，这与 Xuan 等的研究结论一致，他们对 ResearchGate 用户倾向分享的文献类型进行了比较，结果表明用户在 ResearchGate 平台上分享科研成果的时候会考虑出版物的声誉与质量，但是有些用户也会精选上传未发表的自存档论文②。从学术

---

① 王瑞，李思豫，袁勤俭. 学术社交网络用户特征对知识交流效果的影响以南京大学 ResearchGate 用户为例[J]. 图书情报知识，2020（4）：97-105，132.

② Xuan Z L, Hui F. Which academic papers do researchers tend to feature on ResearchGate? [J]. Information Research，2018，23（1）：19.

交流系统看，ResearchGate 平台开始在其中扮演新的角色，其作为替代出版商的功能将改变传统的正式交流体系。

(2) 文献分享的学科差异性显著

ResearchGate 平台上不同学科背景的用户上传文献的行为存在较大差异。本研究中，按照院系所属学科性质，将 40 所院系划分为自然科学类与社会科学类。文献分享次数总数最高和人均文献分享次数最高的学科均属于自然科学，整体自然科学的人均文献分享次数要远高于社会科学，说明自然科学的科研人员在 ResearchGate 平台上有更高的参与性与积极性，其中最具代表性的学科有生命科学、化学、医学和物理学。可能存在以下两方面的原因导致自然科学领域与社会科学领域的巨大差异。其一是，ResearchGate 平台是一个国际性的学术交流平台，学术交流的语言以英文为主，这就无形中给母语是非英语的国家的学者造成了交流的障碍。其二是，与自科科学领域相比，社会科学领域的学者进行国际学术交流相对较少，发表国际期刊论文在总量上也远远少于自然科学领域，因此在 ResearchGate 平台上的显示度自然不足，一些学科如政治学、法学、语言学等更为明显。因此，建设符合我国学者学术交流需求的、特别是促进人文社科学者进行学术交流的媒体平台具有重要的现实意义。

(3) 文献分享者的身份差异性显著

ResearchGate 平台上处于不同科研身份的用户上传的文献存在显著的差异。从文献上传总量上看，职称为副教授的用户占比最高，其次是教授职称的用户，而从人均上传文献量看，教授职称的用户上传次数更多。在当前学术交流体系中，相比其他学术身份，教授和副教授这两种科研身份的用户更积极参与在线形式的非正式交流，寻求更多机会推动自身的科研活动。此外，本研究也对科研身份和学科差异进行了关联分析。在自然科学类学科，各类科研身份用户的人均文献上传分布情况与整体趋势基本一致，表现为教授身份用户的人均文献上传次数最高，其次是副教授科研身份的用户；而在社会科学类学科，管理学、新闻传播学领域中副教授人均文献上传次数高于教授，而在其他领域，不同科研身份用户的人均

8.2 ResearchGate 平台用户行为调查

文献上传次数没有明显的规律。

（4）合著论文被分享的可能性更高

研究发现，与非合著型文献相比，有多作者合著的文献具有更多的机会被上传和分享。合著类型的文献拥有更多的作者参与研究、撰写，所有作者都有机会将该文献上传分享至 ResearchGate 平台。理论上，一篇文献被曝光的次数越多，被关注的机会就越多，根据本研究的结论，合著论文被上传和分享的概率高于非合著论文，这可能也解释了合著论文通常有更高的学术影响力的原因①。

（5）版权风险阻碍用户分享文献

研究发现，绝大多数的上传者不会主动提供全文下载的权限。本研究也进一步结合论文合著特征进行分析，发现合著类型与非合著类型的论文提供全文下载权限的比例基本一致，说明论文被上传次数并不能影响全文获取权限。论文是否被提供全文下载取决于上传者的个人意愿，作者不愿意在社交网站公开自己已经发表的学术论文受到多种因素的影响，其中担心受到版权侵犯是其中一个主要原因②。如学者 Jamali 通过抽取 ResearchGate 上 500 篇文献进行版权调查发现，大部分作者因为不清楚版权政策还不愿意分享自己的学术论文全文，版权权责不清在一定程度上阻碍了学者的文献分享行为③。

---

① 邱均平，温芳芳. 作者合作程度与科研产出的相关性分析基于"图书情报档案学"高产作者的计量分析[J]. 科技进步与对策，2011，28(5)：1-5.

② Hubbe M A. Why I Don't Do Academic Social Media… or Do I？[J]. BioRes，2017，12(2)：2252-2253.

③ Jamali H R. Copyright compliance and infringement in ResearchGate full-text journal articles[J]. entometrics，2017，112(1)：241-254.

第9章　科研用户学术社交不足与激励策略[①]

基于 Web 2.0 的网络信息技术的广泛应用,在学术领域,面向科研用户服务的学术社交媒体应运而生。科研人员可以随时随地利用学术社交媒体分享研究成果、进行科学合作、联系同行、了解最新的研究动态以及交流想法等。学术社交媒体以其开放性与专业性为科研用户提供了新的科学交流方式与渠道[②]。根据最新的统计数据,ResearchGate 已经拥有超过 1400 万名注册用户[③],小木虫网站拥有近 800 万名的注册会员[④]。尽管有越来越多的注册用户,但是用户的学术社交活动却表现得并不活跃。根据 Nature 期刊针对学术社交媒体的调查显示,仅有 15% 的用户进行与上述内容有关的信息交流,更多的用户单纯是为了获取免费的学术资源[⑤]。用户

[①] 本章改编自李晶,张帅,王文韬.科研社交网络中用户学术社交不足的前置动因探究质性研究的视角[J]. 现代情报,2019,39(2):121-127,144.

[②] 赵杨,李露琪. 国内外学术社交网站研究现状述评与思考[J]. 情报资料工作,2016(6):41-47.

[③] ResearchGate. Recruiting [EB/OL]. https://solutions.researchgate.net/recruiting,2018-03-18.

[④] We're Hiring[EB/OL]. http://muchong.com,2018-03-18.

[⑤] Gruzd A, Goertzen M. Wired academia:Why social science scholars are using social media [C]//2013 46th Hawaii International Conference on Sstem Sciences (HICSS). Washington, DC:IEEE, 2013:3332-3341.

将学术社交媒体视为免费的文献数据库、偏向工具性目的、单向获取信息的行为有悖于社交媒体存在的核心价值,成为当前制约科研社交网络发展的瓶颈①②。本章中"学术社交不足"是指用户在学术社交媒体平台上缺乏有效的在线学术交流与互动,它主要表现为用户注册了账号却较少用于学术交流与探讨。本章将重点研究影响用户使用学术社交媒体进行学术交流的前置动因,揭示用户学术社交不足的内在机理,为优化用户学术社交行为、改善学术社交媒体平台学术社交功能提供一定的借鉴与参考。考虑到本章下文论述中涉及具体的学术社交媒体网站和学术社交媒体平台,为了方便,统一简称为"学术平台"。

9.1 理论基础

学术平台具有较高的信息价值、社交价值以及经济价值,而这种价值的实现是以用户之间的信息交互为前提③④,社交属性是学术平台赖以生存和发展的基础⑤,而当前学术平台并未充分发挥社交属性的优势,这种运营现象阻碍了学术平台的发展,不利于学术

---

① Chakraborty N. Activities and reasons for using social networking sites by research scholars in NEHU: A study on Facebook and ResearchGate[J]. Inflibnet Centre, 2012, 5(3): 19-27.

② Jeng W, He D, Jiang J. User participation in an academic social networking service: a survey of open group users on Mendeley[J]. Journal of the Association for Information Science & Technology, 2015, 66(5): 890-904.

③ Ma M, Agarwal R. Through a glass darkly: Information technology design, identity verification, and knowledge contribution in online communities[J]. Information systems research, 2007, 18(1): 42-67.

④ 张晓娟,周学春. 社区治理策略、用户就绪和知识贡献研究:以百度百科虚拟社区为例[J]. 管理评论, 2016, 28(9): 72-82.

⑤ 李晓方. 激励设计与知识共享百度内容开放平台知识共享制度研究[J]. 科学学研究, 2015, 33(2): 272-278.

交流与合作①。研究发现,科研人员使用学术平台的主要顾虑是隐私保护缺失②,感知利弊和信息质量对用户使用学术平台具有显著影响③④。研究表明,用户的学科和研究兴趣对学术平台群组内的知识交流与共享有显著的影响作用⑤。同时,学术平台的学术影响力对研究人员的学术交流与互动有正向的影响作用⑥。用户加入学术平台也受到同行压力的影响,但这种被动的加入会削弱用户日后使用的积极性⑦,加之科研人员的工作性质使得他们没有充足的时间和与精力花费在学术平台的在线交流上⑧。此外,学术平台中信息交互的时滞性也会对用户之间的学术社交活动产生阻碍⑨。通过进一步的文献梳理可以发现,目前针对学术平台用户行为的研究尚处于初期阶段,更多聚焦于科研用户的使用意愿,缺乏在考虑学术平台运营的本质和核心价值属性基础上揭示用户使用学术平台的行

---

① 胡蓉. 学术社交网站用户分析方法的研究及应用[D]. 广州:华南师范大学,2015.

② Gruzd A, Staves K, Wilk A. Connected scholars: Examining the role of social media in research practices of faculty using the UTAUT model[J]. Computers in human behavior, 2012, 28(6): 2340-2350.

③ Chen C H, Desarmo J, Ke H R. Exploring reasons for use or non-use of academic social network services among Taiwanese fishery scientists[J]. Journal of library & information science research, 2016, 11(1): 85-105.

④ 李晶,卢小莉,李卓卓. 学术社区信息质量感知形成机理研究[J]. 图书馆学研究, 2017(1): 6-9.

⑤ 刘晓娟,刘新哲. 虚拟学术群组特征研究以用户为分析视角[J]. 图书情报工作, 2015(24): 83-92.

⑥ Hoffmann C P, Luts C, Meckel M. A relational altmetric? Network centrality on ResearchGate as an indicator of scientific impact[J]. Journal of the association for information science & technology, 2015, 67(4): 1-11.

⑦ Ortega J L. Disciplinary differences in the use of academic social networking sites[J]. Online information review, 2015, 39(4): 520-536.

⑧ Collins K, Shiffman D, Rock J. How Are Scientists Using Social Media in the Workplace? [J]. PloS ONE, 2016, 11(10): e0162680.

⑨ 屈宝强. 网络学术论坛中的科研合作行为及其反思以"小木虫"学术论坛为例[J]. 科技管理研究, 2010, 30(10): 215-218.

9.2 研究设计

为模式和规律特征,对用户参与动机的研究也不够系统和深入。

本章将采用质性研究方法建构理论模型,探索学术平台中用户学术社交不足的主要前置动因。

9.2.1 研究方法和研究工具

质性研究方法是指在自然情境下研究者采用多种资料收集方法对社会现象进行整体性探究,通过与研究对象互动对其行为和意义进行归纳并建构出实质理论的一种活动[①]。质性研究旨在对社会场域中的结构以及行为的潜在意义进行再现和重构,适合于本书的研究背景。NVivo 11 是一款用于访谈、开放性调查问卷以及社交媒体等内容进行深入地数据管理和分析的软件,研究表明,该软件有助于提高研究的科学性和严谨性[②]。本研究选择小木虫论坛为数据收集场所,小木虫论坛成立于 2001 年,是目前国内最具影响力的学术社交平台之一[③]。

9.2.2 数据收集

(1) 确定访谈对象

本研究采用理论抽样方法确定访谈对象,访谈样本的选择依据

---

① 凯西·卡麦兹. 建构扎根理论[M]. 重庆:重庆大学出版社,2009:1-3.

② Bazeley P. Qualitative data analysis with NVivo [M]. London:SAGE Publications,2007:82-83.

③ 邹儒楠,于建荣. 数字时代非正式学术交流特点的社会网络分析以小木虫生命科学论坛为例[J]. 情报科学,2015(7):81-86.

第9章 科研用户学术社交不足与激励策略

是能否为本研究理论的发展提供丰富信息量的样本[①]。根据小木虫网站的调查报告显示，论坛用户拥有硕士学历以及年龄在 21~28 岁的用户所占比例最高。因此，本研究选取 21~28 岁年龄段的受访者 12 名，他们主要来自安徽、江苏、浙江、河北、江西等地；其中男性 6 名，女性 6 名，年龄分布均衡；自然科学 5 名，人文社会科学 7 名，学科分布基本均衡；所有受访者均为硕士学历；所有访谈者均使用过小木虫论坛。本次访谈对象为 12 名，达到了对特定主题进行研究的充分样本量[②]。

(2) 设计访谈提纲

半结构化访谈的特点在于其允许研究者根据实际情况对访谈顺序做弹性处理，也允许受访者参与和提出自己的问题，有助于更加深入地了解受访者的意图。因此，本章在结合相关文献的基础上，根据研究所探讨的主题设计一份半结构化访谈提纲作为访谈的提示。在正式访谈之前对半结构化访谈提纲进行了预测试，并根据实际访谈情况对提纲进行了完善，使之能真实、准确地反映受访者的心理和观念，确定其具有良好的内容效度。本研究半结构化访谈提纲分为三个部分，第一部分是术语界定和受访者的基本信息，第二部分是调查受访者对学术平台的认知和使用行为，第三部分是调查受访者在学术平台中进行学术交流的体验(见表9-1)。

表 9-1 半结构化访谈提纲主要内容

访谈主题	主要提纲内容
术语界定和受访者基本信息	①用户学术社交不足的定义，受访者的姓名、性别、年龄、专业、地域、访谈地点、访谈时间

---

① 张帅，王文韬，李晶. 用户在线知识付费行为影响因素研究[J]. 图书情报工作，2017(10)：94-100.

② Guest G, Bunce A, Johnson L. How many interviews are enough? An experiment with data saturation and variability[J]. Field Methods, 2006, 18(1): 59-82.

续表

访谈主题	主要提纲内容
科研社交网络的认知和使用行为	②您使用过哪些科研社交网络？感觉它们怎么样？ ③您使用小木虫论坛多长时间了？您使用小木虫论坛的目的是什么？ ④通常，人们一般使用小木虫论坛获取信息的功能，而很少探讨学术问题，您有类似的感受吗？您觉得出现这种现象的原因是什么？
科研社交网络中用户学术社交的体验	⑤在什么情况下，您会使用小木虫论坛与其他用户进行学术有关的交流与互动？ ⑥在什么情况下，您不会使用小木虫论坛与其他用户进行学术有关的交流与互动？ ⑦如果您有能力，你会在科研社交网络中与其他用户探讨学术有关的问题吗？为什么？ ⑧与其他社交平台的功能相比，您觉得小木虫论坛的学术社交功能有哪些劣势？如果对此进行改进，您会在小木虫论坛上进行学术有关的交流吗？ ⑨您会将其他社交平台中的社交关系复制到科研社交网络中吗？为什么？ ⑩还有哪些因素会导致科研社交网络中学术社交不足现象？

（3）访谈过程

本研究的整个访谈过程是由两名研究者共同完成，以确定访谈结果的严谨性和可靠性。在正式访谈之前，研究者与受访者签订知情同意书或达成口头协议，以消除受访者对其个人隐私与信息安全的顾虑。在得到受访者允许的情况下，对整个访谈过程进行录音。本次访谈工作持续了一周时间，所有音频时长累计382分钟，平均每人的访谈时长约为32分钟。每次访谈结束后，研究者们就立即对录音进行转录并整理访谈笔记，对一些口语化的表达或没有说出来却表达了某种意愿的语句进行规范化处理，使用字母R加数字

01~12唯一标识受访者和访谈文件(如R01表示第一位受访者),为每位访谈者建立访谈的原始数据文本。

9.3 实验及结果分析

9.3.1 数据编码与分析

本研究将访谈文本导入NVivo 11软件,参照扎根理论的编码程序,按照开放式编码、主轴编码和选择式编码三个步骤对访谈数据进行编码①。为了确保数据编码的一致性,整个数据编码由两名研究者按照相同的编码规则对原始数据进行编码,对复核中有异议的编码节点组织了小组讨论,并最终选择一个与研究主题最为相近的节点。对同一受访者文本中出现的相同驱动因素仅编码一次,以便将编码参考点所占权重作为衡量学术社交媒体用户学术社交不足驱动因素的主次标准②。

开放式编码阶段,研究者通过逐行、逐句的仔细阅读访谈文本,将原始访谈语句进行概念化和范畴化处理,研究者发现了许多受访者常用的概念,运用NVivo 11软件的群组功能对初步形成的概念反复的分组和归类,共形成27个基本范畴,并标记为自由节点。

主轴编码阶段,研究者将开放式编码中形成的基本范畴加以精炼和区分,共形成13个主范畴,并标记为子节点。其中,子节点

---

① Strauss A, Corbin J M. Basics of qualitative research: grounded theory procedures and techniques [J]. Modern Language Journal, 1990, 77(2): 129.

② Barbour J B, Rintamaki L S, Ramsey J A, et al. Avoiding health information[J]. Journal of Health Communication, 2012, 17(2): 212-229.

9.3 实验及结果分析

是在归纳自由节点的基础上形成的,是层次更高的范畴①。

选择式编码阶段,研究者将主轴编码阶段中形成的主范畴进行归并和融合,最终形成 4 个能最大限度囊括主范畴内涵的核心范畴,分别为个体意向因素、平台客观条件、信息因素和学术交流特性,并标记为树节点。具体的数据编码汇总见表 9-2。同时,本研究也对编码结果进行了可视化处理,以清晰展示节点之间的亲疏关系。如图 9-1 所示,相同颜色表示同一层级的编码,节点的大小反映编码的相对比重,连线的粗细反映节点的相对强弱关系。

表 9-2 数据编码汇总

主轴编码	开放式编码	材料来源	参考点	材料来源列表
个体意向因素	主观规范	7	13	[R01,R04-R08]
	时间与精力	5	7	[R02-R04,R10,R11]
	分享意识	5	5	[R01,R02,R04,R05,R07]
	个人能力	4	4	[R01,R02,R08,R10]
平台客观条件	后发劣势	11	32	[R01-R11]
	激励机制	10	13	[R01,R02,R04,R05,R06,R08-R12]
信息因素	信息效益	10	29	[R01-R09,R11]
	知识产权	5	8	[R01,R02,R07,R08,R11]
	隐私信息	3	4	[R01,R04,R05]
学术交流特性	研究领域	8	8	[R01-R04,R06,R08-R09,R12]
	学术竞争	7	7	[R01,R05,R07,R09-R12]
	用户层次	6	8	[R01-R03,R07,R08,R10]
	专业知识	4	4	[R04,R10-R12]

---

① 薛调,刘云,刘彦庆. 高校图书馆嵌入式教学实施的影响因素研究[J]. 图书情报工作,2013,57(15):83-87.

第9章 科研用户学术社交不足与激励策略

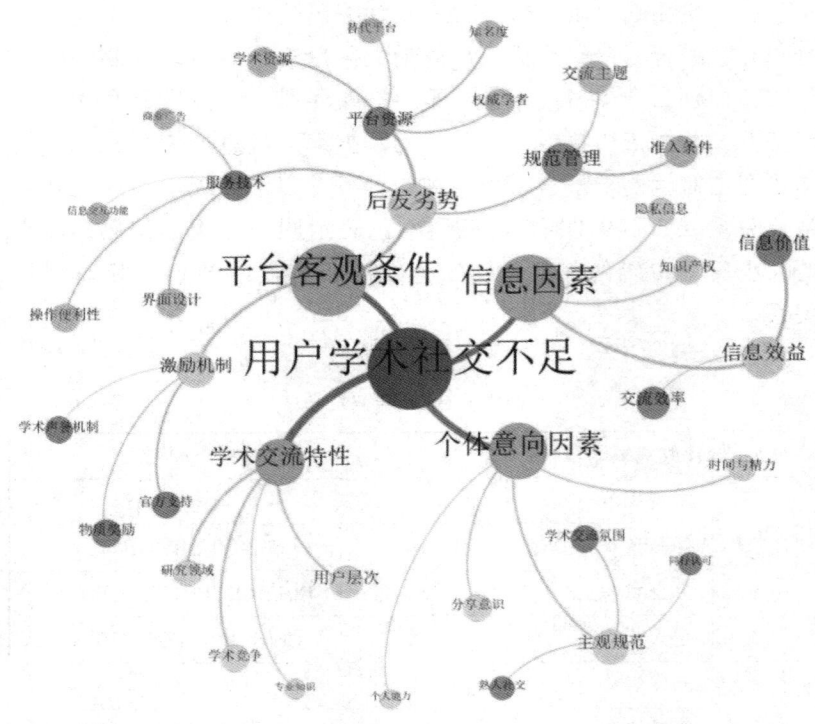

图9-1 编码结果的可视化

9.3.2 理论饱和度检验

本研究参照 Francis 等的研究,采用理论饱和度指标检验样本数据的信度和效度①。将数据中初步形成的理论作为进一步抽样的标准,继续访谈3名用户来验证数据是否达到饱和,编码结果表

---

① Francis J J, Johnston M, Robertson C, et al. What is an adequate sample size? Operationalising data saturation for theory-based interview studies [J]. Psychology and Health, 2010, 25(10): 1229-1245.

9.3 实验及结果分析

明，连续3次的编码没有出现新的范畴，因此可以认为本研究的访谈数据通过了理论饱和度检验，具有良好的信度和效度。

9.3.3 理论模型建构

经过上述数据编码分析与理论饱和度检验，各节点间的逻辑关系已经确立，本章在此基础上建构了学术平台用户学术社交不足前置动因理论模型（见图9-2）。其中，个体意向因素是学术平台用户学术社交不足的内部驱动因素，直接导致学术社交不足；平台客观条件、信息因素以及学术交流特性属于学术社交不足产生的外部情境因素，间接导致学术社交不足的出现。以下将对各驱动因素进行具体阐述。

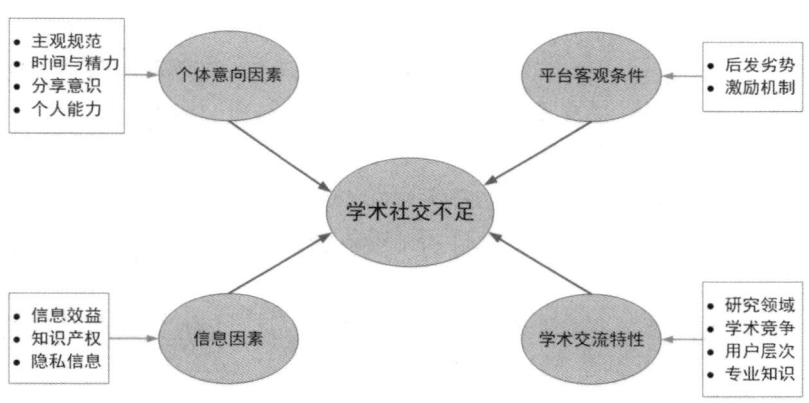

图9-2 学术平台中用户学术社交不足前置动因理论模型

（1）个体意向因素

个体意向因素是学术平台用户学术社交不足的内驱变量和直接驱动因素，包括主观规范、时间与精力、分享意识以及个人能力。从数据分析中发现，个体意向因素的编码参考点占全部编码的20.4%，几乎所有的访谈对象均提到个体意向因素对自身在学术社交媒体中的学术社交不足产生了重要影响。

在主观规范上，用户会受到学术社交媒体中学术交流氛围、同行的认可度以及熟人社交的影响而表现出学术社交不足。如"用户在科研社交网络上都不怎么交流学术问题，那我也会受到这种学术交流氛围的影响而不会主动去跟其他用户交流"（R04）；"严重阻碍我进行学术社交的原因是在小木虫论坛上跟别人分享自己的科研经验得不到同行的认可"（R05）。在时间与精力上，由于科研人员大部分的时间与精力投入到科研工作中，这将直接影响他们参与学术社交活动。如"作为一名科研工作者，平时的时间与精力都投入做实验和写论文了，因此很少在小木虫论坛与同行进行学术交流"（R02）。在分享意识上，用户在学术社交媒体中参与科研协作和信息共享的意识薄弱，导致他们表现出学术社交的不足。如"在小木虫论坛上只索取、不分享(学术资源)的用户占大部分，久而久之，大家可能就都不愿分享自己(科研工作的)经验了"（R07）。在个人能力上，用户的能力有限也是影响学术社交媒体中学术社交不足的主要因素之一。如"对我来说，（小木虫论坛上）有些学术问题我愿意加入探讨，可是自身的学术水平又不够，所以只好放弃"（R08）。

(2) 平台客观条件

平台客观条件是学术平台用户学术社交不足的外驱变量和间接驱动因素之一，包括后发劣势和激励机制。从数据分析中发现，平台客观条件的编码参考点占比31.7%，所有的访谈对象均认为平台客观条件对自身在学术社交媒体中的学术社交不足有重要的影响作用。

在后发劣势上，学术平台在平台资源、规范管理和服务技术三个方面存在一定的不足，这将严重影响用户的学术社交活动。在小木虫论坛的平台资源方面，缺乏学术资源、缺少权威学者的加入、平台知名度不高以及可替代的平台都会导致用户的学术社交不足。如"小木虫论坛上关于我的专业的学术资源太少了，很难找到与专业相关的学术交流贴，用户体验太差了"（R11）；"我觉得小木虫论坛上用户学术社交不足是因为平台上没有权威的学者，如果有学术声望高的人加入这个平台，可能会促进用户的学术社交活动"（R04）。在小木虫论坛的规范管理方面，交流主题不筛选和较低的

9.3 实验及结果分析

准入条件都会产生用户的学术社交不足。如"小木虫论坛上对发帖的内容没有严格的筛选和限制,没有发挥科研社交网络的学术专业性,这导致学术交流的效率很低"(R08)。在小木虫论坛的服务技术方面,界面设计差、操作不方便、商业广告多及信息交互延迟都会导致用户的学术社交不足。如"小木虫论坛给我的第一印象就是页面设计杂乱,操作起来真的很不方便,真的很不利于交流"(R04)。

在激励机制上,学术社交媒体缺乏官方的支持、物质奖励以及学术声誉机制都会导致用户的学术社交不足。如"如果跟别人探讨学术能获得一些实质性的奖励,如等级的提升、报酬等,我会愿意与别人交流经验"(R11)。

(3)信息因素

信息因素是学术平台用户学术社交不足的外驱变量和间接驱动因素之一,包括信息效益、知识产权和隐私信息。从数据分析中发现,信息因素的编码参考点占比 28.9%,几乎所有的访谈对象均提到信息意向因素是自身在学术社交媒体中的学术社交不足的重要驱动因素。

在信息效益上,缺乏信息价值和有效的学术交流将会影响学术平台中用户的学术社交不足。如"我在小木虫论坛上提过一个与自己专业有关的问题,基本上没有得到有价值的回复"(R01)。在知识产权上,学术社交媒体缺乏知识产权的保护机制将会影响用户的学术社交不足。如"如果我在小木虫论坛跟别人交流自己的想法,结果学术成果是别人的,那我肯定不愿意进行学术社交"(R07)。在隐私信息上,担心隐私信息的泄漏将会影响学术社交媒体中用户的学术社交不足。如"我认识的很多科研人员对自己的研究都是采取保密的措施,更不会在小木虫论坛上跟别人交流自己的研究"(R04)。

(4)学术交流特性

学术交流特性是学术平台用户学术社交不足的外驱变量和间接驱动因素之一,包括研究领域、学术竞争、用户层次以及专业知识。从数据分析在发现,学术交流特性的编码参考点占比 19.0%,

第9章 科研用户学术社交不足与激励策略

所有的访谈对象均提到学术交流特性是学术社交媒体用户学术社交不足的重要驱动因素。

在研究领域上,用户研究领域的不同将会影响他们在学术平台中的学术社交不足。如"由于专业领域不同、学科不同,用户之间进行学术社交是很困难的"(R02)。在学术竞争上,科学研究本身存在竞争与利益关系将会影响学术社交媒体中用户的学术社交不足。如"我觉得用户学术社交不足的原因可能是,科研本身就存在竞争关系,涉及自己的利益的内容用户肯定是不会分享的"(R07)。在用户层次上,用户层次的差异会影响学术社交媒体中用户的学术社交不足。如"我觉得学术社交至少用户的层次要在一个水平上,要不然谈不上学术探讨"(R03)。在专业知识上,专业知识交流的特性也会影响学术社交媒体中用户的学术社交不足。如"学术社交的内容是专业性很强的知识,这需要在阅读文献的基础上才能进行探讨,学术社交的门槛很高"(R04)。

9.4 学术社交行为的优化与激励策略

本章采用质性研究方法,以小木虫论坛为例,分析了学术平台用户学术社交不足的前置动因并建构了理论模型,重点探讨两方面问题:①学术平台用户为什么会出现学术社交不足的现象?本研究通过访谈数据分析发现,学术平台用户学术社交不足受到个体意向因素、平台客观条件、信息因素以及学术交流特性4个主范畴的共同影响,其中个体意向因素是学术平台用户学术社交不足的内驱变量和直接驱动因素;平台客观条件、信息因素和学术交流特性是学术平台用户学术社交不足的外驱变量和间接驱动因素。②学术平台用户学术社交不足受到哪些主要驱动因素的影响?本研究通过反复归纳和提炼访谈数据发现,13个主要驱动因素对科研社区用户学术社交不足产生重要作用,即主观规范、时间与精力、分享意识、个人能力、后发劣势、激励机制、信息效益、想法归属、隐私信息、研究领域、学术竞争、用户层次以及专业知识。

通过对学术平台用户学术社交不足驱动因素的深入研究，本研究为优化用户学术社交行为和改善平台学术社交功能提供一定的理论指引和借鉴。

(1) 促进个体意向因素

首先，可以定期开展线下学术沙龙活动。学术平台中的学术交流群组可以围绕某一特定的学术主题，定期地开展线下的学术沙龙活动。将线上学术社交与线下的交流相结合，营造良好的学术交流氛围，有效推动用户之间的互动意愿，促进学术交流与创新。其次，尽快建立学术声誉评价指标。国内学术平台可以借鉴国外领先的学术社交平台 ReaearchGate 的 RG Score 学术声誉评分机制①，根据用户在学术平台中所分享的研究成果、提出的研究问题、回答的学术问题、跟随者数量等方面来评价用户的学术声誉值。同时寻求高校、研究所等官方机构的支持，将学术平台的学术声誉评价指标纳入科研工作的绩效考评，如浙江大学于 2017 年 9 月已率先试行优秀网络文化成果认定实施办法，提高学术平台的同行认可度，增强用户学术社交的主动性和积极性。

(2) 完善平台客观条件

首先，学术平台应提升平台操作的便利性，如建立专业的分类导航栏与搜索框，方便用户查找和检索所需的信息资源。其次，优化学术平台的界面设计，如平台首页信息尽量简洁大方、排列有序，可以设置专门的商业广告投放区域等，提升用户体验。再次，改善学术平台的信息交互功能，如与非学术平台(微信、QQ 等社交媒体)进行关联，及时接收学术平台的信息。最后，丰富学术平台的学术资源，如整合平台内的学术资源、引进知名学者入驻、加强社区的推广等，吸引用户参与学术社交活动。此外，学术平台还可以借鉴非学术平台的经验，设计一些趣味性的学术社交功能，如付费问答、打赏等，提升用户学术社交的效率。

---

① Thelwall M, Kousha K. ResearchGate: Disseminating, communicating, and measuring scholarship? [J]. Journal of the Association for Information Science & Technology, 2015, 66(5): 876-889.

(3)注重知识产权保护

学术平台可以建立一套知识产权认证体系,对于学术社交过程中用户产生的新想法、新概念、新成果等提供知识产权认证,如用户提出某一想法,经过平台的知识产权归属认证,就可以确认这一想法属于该用户。有了知识产权归属的保障,有助于促进用户学术社交的繁荣发展。

(4)改善学术交流特性

学术平台可以根据用户所属的专业领域建立专门的学术交流群组,设置用户准入门槛,如将用户的学历、学术成果、平台活跃度等作为进入学术交流群的条件,确保群组内用户所属的专业领域、交流的层次在同一水平上,以保证学术社交的效率。同时,对交流的主题内容进行严格的筛选,过滤与学术交流无关的内容,如广告、征友、吐槽等,提高科研社交平台信息质量,以保证学术社交的纯粹性。

第10章 科学2.0时代学术交流行为优化与建议

上文各章节系统阐述了科学2.0时代科研用户的学术交流需求、学术交流行为过程及模式、学术社交平台、用户采纳和使用学术社交平台的现状、存在的问题等,本章将在综合全部研究发现的基础上分别从行为主体、系统与服务、环境的层面提出相应的对策和建议。

10.1 学术交流的行为主体层面

学术交流过程中行为主体是从事科研工作或与科研工作相关职业的用户,也包括爱好科学的普通公众。尽管科学2.0理念的提出已接近十年,各类社交媒体平台不断融入科研用户的工作和生活中,但是课题组在前期组织的大规模用户调查中也发现科研人员对使用社交媒体仍持有"保守"的态度,表现为:使用目的具有明显的工具导向,即使用社交媒体是为了解决现实问题;过多使用会浪费时间;使用过程中更多是浏览,互动参加度和参与意向都很低;对平台上需要学习才能掌握的功能认知度较低。上述调查结果与既有文献的结论一致,也有学者专门发文表明了不愿意使用社交媒体

第 10 章 科学 2.0 时代学术交流行为优化与建议

的原因①,如"一经注册,总是收到推送邮件""不准确的好友匹配""不准确的个性化推荐"等,但是最重要的、在各个场合都会被提到的原因是"浪费时间",可以想象在被无限信息包围的社交媒体时代,注意力已经成为稀缺品,如何能更有效率的利用时间找到最需要的信息成为用户关注的焦点,特别在以科研为职业的用户身上显得尤为突出。在海量信息中找到适合的信息,这本质上是对用户信息选择能力、理解能力、思辨能力、判断能力提出的更高的要求,即需要用户在社交媒体时代具有更高的媒介素养,才能享受新信息技术的成果及其福利。因此,本章提出以下具体建议提升科研用户的媒介素养。

(1) 发挥公共图书馆作为媒介素养教育的主阵地

公共图书馆具有为公众提供文献信息的服务功能,在新时代需要发挥为用户服务的价值。在提升用户媒介素养方面,公共图书馆应承担更多的社会使命。建议公共图书馆主动提供和开设针对用户媒介素养的课程,可以在官网开设专区提供精选的教育资源,包括数字技能的学习指南、学习视频、网络课程等;对关于信息渠道选择、网络信息质量甄别、优质信息判断的标准、原则等制作成生动的文字、图片在官网的显著位置进行宣传;定期组织线下的阅读推广活动,向读者介绍有关媒介素养的书籍,为用户提升信息甄别能力和判断能力提供一对一的指导等。

(2) 高校、科研院所、企业等机构为科研人员提升媒介素养提供支持

学术交流行为的主体是广泛就职于高校、科研院所、高新技术企业从事科研工作的用户,科研用户所在的机构是其第一生存环境,为科研用户提供必要的支持提升媒介素养是相关机构应尽的责任。对于高校,教师培训部应定期、针对性的选择优质培训资源,包括课程视频、音频、讲座、书籍等提供给教师和专职科研人员;教务部门积极探索"以媒促教"的新模式,通过鼓励教师和专职科

---

① Hubbe M A. Why I Don't Do Academic Social Media… or Do I? [J]. BioRes, 2017, 12(2): 2252-2253.

研人员积极使用新媒体开展教育和教学作为提升自我媒介素养的途径;宣传部门定期制作信息技术专题的宣传,利用校园网、文化宣传栏、校园广播等渠道介绍和宣传新的技术应用、新媒介的特点以及如何有效甄别和利用媒体上的信息资源等。对于科研院所,图书馆承担培养媒介素养的主要职责。与公共图书馆的服务对象相比,科研院所图书馆的服务对象较为固定,除了进行常规的培训外,可以针对用户进行一对一的跟踪服务,针对具体场景和问题提供第一时间的解决方案,为有需要的用户提供个性化的指导和帮助,提升培训的效率和质量。对于企业,可以定期邀请第三方培训机构对员工进行媒介素养教育;在企业内部可以通过知识管理系统即时推送和分享关于新媒介、新技术的功能以及关于信息质量甄别、判断的基本知识;定期推介新的信息技术、新媒体,对其辅助工作的功能进行重点介绍,编制成册发给员工等。

综上,学术交流主体媒介素养的提升不是一件一朝一夕的工作,而是需要依靠主体自身以及来自社会和机构的支持,但是这又是一件基础性的工作,用户对技术采纳的内驱力是决定技术功能发挥的基础,在整个过程中发挥了决定性的作用。

10.2 学术交流的平台系统与服务层面

基于社交媒体平台为用户的学术交流行为提供了重要的技术支持,但是仍不能满足用户的需求,本节将从平台的系统优化和服务优化两个方面提出改进的设想。

10.2.1 探索促进双向互动的系统设计

根据本项目的前期研究也发现,社交媒体的快速反馈特征、多线索性以及强调个性等技术特征在当前学术交流领域的应用中并没有得到充分发挥,如何进一步凸显社交媒体服务于学术交流的价值,充分利用社交媒体在媒体丰富度和交互快捷性方面的优势是未来发展的方向。因此，建议应进一步挖掘网站的社交元素和应用，利用音频、视频等多媒体资源，立足用户而不是文献，开发更多操作方便的即时通信功能，允许好友用户通过视频、音频方式实时交流各种学术问题。基于此，本章提出下述四点建议进一步挖掘社交元素，探索促进双向互动的系统设计。

其一，加强基于用户关系数据的智能分析与知识推荐

社交媒体平台的服务主体拥有丰富的用户数据，包括用户的学科领域、研究方向、关注者、被关注者等，也能够通过进一步分析获取用户的合作信息、组织关系、机构关系、地理位置等关系数据，识别相似的专家群体、有相似研究经历的群体等，利用这些丰富的用户关系数据为用户提供关联学者推荐和关联文献知识推荐，充分利用社交媒体提供的关系网络为用户提供知识交流与服务，促进知识的有效转化。

其二，加强对用户反馈信息的过滤、识别、分析和利用

在各类社交媒体平台上都留下了大量的用户评论数据，这些数据富含了用户对于所获取知识的见解、观点和看法，是了解、掌握用户需求和意见的重要渠道，但是目前对这类数据还处于手工管理或放任自流的状态，这一现象在一些信息服务机构（如图书馆）的社交媒体账号上尤其突出。思考如何借助社交媒体提供的交互机制，充分挖掘和分析用户的反馈信息，及时了解用户需求和兴趣偏好，提供满足用户实时需求的个性化知识服务是图书馆等信息服务机构应改进的方向。这在当前智慧图书馆的建设中可见端倪，智慧图书馆即融合社交媒体技术作为知识生产和交换的平台，通过用户兴趣变化的动态模型，利用追踪到的用户交互数据（评价、点击、收藏、评分等）为用户进行个性化知识推荐和智慧服务。

其三，探索交互式视频学术内容的嵌入设计

交互式操作是社交性的集中体现，通过为用户提供交互式操作的功能，如实时通讯、弹幕等可以帮助用户快速达成信息交换的目的，但是因为科研领域本身具有的严谨性，在社交媒体平台上很难实现实时交互的功能。近年来，国外也出现了以刊登视频论文为特色的国际学术杂志，这种新型的论文组织方式能够有效降低读者外

10.2 学术交流的平台系统与服务层面

部认知负荷①。如果在未来可以将基于视频的学术内容嵌入社交媒体，允许用户自由阅读、转发、传播，甚至通过弹幕的操作表达评价和观点，形成与论文作者、其他用户的实时交流，充分发挥社交媒体之"社交"的价值。

最后，建议嵌入运营成熟的第三方社交平台

通过第三方平台邀请好友参加讨论，允许用户在平台内关联自己的第三方社交账号，通过授权的第三方账号接收网站推送的消息，也允许建立临时讨论小组，增加支持在线学术会议或讲座的功能，适应当前学术会议只能在线上召开的环境影响。通过这些设计和措施的完善，为调动用户参与、推动知识共享和跨学科知识合作提供更有效的功能，进而在学术交流中发挥其应有的作用，这才是学术社交媒体平台存在的应有之义。

10.2.2 开发面向科研流程的嵌入式服务

通过对现有社交媒体平台辅助学术交流现状的调查可以看出，尽管各类社交媒体平台都已经为促进学术交流提供具有特色的功能设计，如文献管理服务、科研众包服务、即时通信、学术资讯服务等，但用户在学术交流过程中往往需要不断切换平台才能完成学术交流的整个过程。因此，本书建议开发一个嵌入科研生命周期的学术社交媒体平台，为科研用户之间的学术交流活动和科研活动提供一个整合平台的服务支持。下文中将详细阐述嵌入式服务平台(下文简称"平台")的构想。

根据科研生命周期模型，科研用户的信息需求可以划分为研究构想、研究规划、研究实施、发布与传播以及研究评价阶段。平台在建设中应结合用户在不同阶段的具体需求，提供有针对性的功能和服务机制。图 10-1 展示了一个基于科研生命周期的平台服务框架。该框架设计遵循活动理论(Activity theory)，从活动者需要的工

---

① 刘冠伊. 基于在线临场感的交互式视频论文学习模式研究[J]. 中国信息技术教育，2019(24)：181-184.

第 10 章　科学 2.0 时代学术交流行为优化与建议

具、目标、规则三个维度进行分析①。

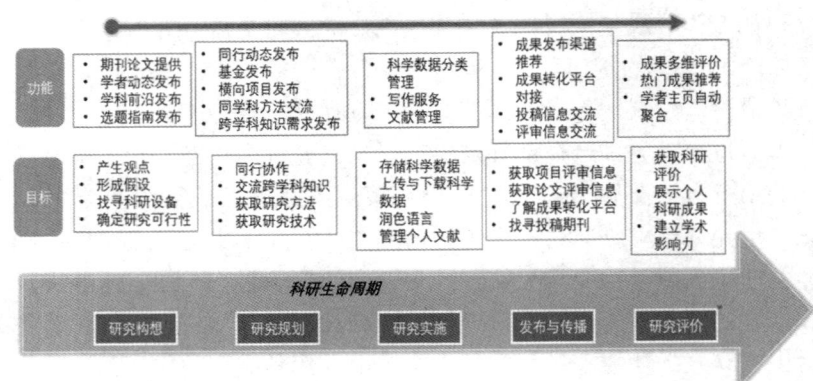

图 10-1　基于科研生命周期的平台功能及服务

在第一阶段研究构想阶段，科研工作者的目标是产生想法、形成假设，平台可以通过提供经典研究成果、遴选发布学科前沿热点、汇集整合学科前沿动态和选题指南等为用户提供有针对性的服务。在这一阶段，平台需要立足不同学科围绕信息资源的整合、深度加工以及进行个性化推荐满足用户对信息的需求和利用。现有的平台也提供了信息汇聚和文献服务的功能，但是从总体上看，信息过滤不足、信息质量低等问题仍然较为严重，在这一环节中信息质量是科研用户最看重的因素，因此平台应在提升内容服务方面提供足够的质量保障，如通过改进检索算法、筛选条件、反馈机制等措施，对信息进行充分过滤和筛选，提高信息质量；同时，不断更新后台推送系统，加入热点分析技术，及时捕捉时事热点，及时为用户提供实时的信息，增强用户对高质量信息的感知。

在第二阶段研究规划阶段，科研工作者的目标是设计和形成关

---

① Lim C P, Chai C S. An activity-theoretical approach to research of ICT integration in Singapore schools: Orienting activities and learner autonomy[J]. Computers & Education, 2004, 43(3): 215-236.

10.2 学术交流的平台系统与服务层面

于论文/项目的完整研究计划,如何能找到需要的理论工具与研究方法,如何联系到不同领域的专家学者,如何获取不同学科的知识与技术以便顺利完成研究设计,是这一阶段学者的关键需求。平台可以设计一个有效的奖励学科知识流动的科研众包机制,鼓励专家学者发布需求、提出科学问题,再通过实物奖励或声望奖励激励用户回复问题,同时可以设置一个共享参与的功能,允许其他有兴趣的学者通过"有偿"方式获取知识。通过嵌入科研众包程序激发用户的知识交流和共享意愿,同时也能增强用户的娱乐体验,使知识交流的过程变得更加有趣。另一方面,通过提供有效的设计调动用户参与、推动知识共享和跨学科知识合作,进而在学术交流中实现平台应有的价值和作用。

在第三阶段研究实施阶段中,随着科研工作的展开,围绕论文撰写或项目实施需要相应的资源支持,如科学数据的上传存储以及下载利用,写作过程中文字润色、语言服务等,对大量原始文献的收集、整合、分析等。平台通过优化设计提供相应的功能。如在平台嵌入一个科研数据的管理模块,方便科研人员在项目过程中上传和存储与项目相关的科学数据,该模块同时也提供智能分析功能,包括数据清洗、统计、可视化呈现等基本操作,此外,设计合理的数据获取权限,在法律法规许可的范围内允许其他科研人员获取所需数据。在服务写作方面,平台可以与现有的主要文献数据库服务商建立合作关系,了解他们对稿件文字的详细要求,为用户提供高品质的、一对一的写作服务,为用户成果交付提供更多价值增值服务。

在第四阶段发布与传播阶段中,科研用户的需求围绕获取项目评审信息、获取论文评审信息、了解成果转化平台的信息、找寻适合的投稿期刊等。平台可以利用其作为信息资源汇聚地,整合各类信息源,包括来自企业、科研院所、政府公共部门,以及用户贡献的信息,通过设计有效的信息过滤机制对这些项目评审信息、论文评审信息、企业需求信息进行分类汇总,对其中高质量的信息进行置顶推荐,满足用户在这一阶段的信息需求。

在第五阶段研究评价阶段中,科研用户的需求主要围绕研究成果的推荐和评价。平台提供的主要功能包括:通过提供对信息的自动聚合,帮助创新学者的主页并实时更新,增加学者和学术方向的可见度;结合自身的数据特征对用户的学术贡献给予合理的评价,建立起与学术贡献相匹配的学术影响力评价机制。

10.3 学术交流的环境层面

科研人员的学术交流行为与图书馆、学术出版机构密切相关,同时也始终受到信息技术等来自社会环境的影响和制约,因此,图书馆、学术出版机构以及信息技术都可以视为学术交流行为的外在环境要素,本节将重点分析如何通过环境要素及其关系的优化构建未来的学术交流生态系统。

根据生态学的基本理论,在一个特定空间中共同生活的所有生物与其环境之间不断进行物质和能量的交换而形成一个统一整体[1][2]。一个生态系统能够维持生物复杂性的同时,具有循环再生、协调与平衡、整体性等特征。传统的学术交流系统是由知识生产者、知识消费者、图书馆等信息服务机构、学术出版发行机构组成,知识流在各要素之间的流转通常经历一个复杂的程序。在社交媒体支持的技术环境中,传统的学术交流系统各要素之间的关系在迅速发生变化:首先,知识生产者与知识消费者之间的信息可以快速自流通,两者角色的界限模糊,在学术交流系统中可以用一个独立的角色——用户所取代;其次,由于电子载体出现并被用户广泛接受,一些预印本平台和可开放获取的电子期刊给用户带来了更多发表的机会,学术出版的垄断地位受到威胁,用户与学术出版机构连接的唯一单向路径正在消失;再次,由于图书馆等信息服务机构无法承担与日俱增的高额采购费用不得不调整文献采购策略,图书

---

① 蔡晓明,尚玉昌. 普通生态学(下册)[M]. 北京:北京大学出版社,1995.

② 韩丽,王敏,初景利. 生态学视角下开放获取驱动的学术交流系统变革研究[J]. 中国科技期刊研究,2017,28(2):105-111.

馆与学术出版机构之间连接的唯一单向路径也在逐渐模糊;最后,在用户在知识生产、知识获取、知识搜寻、知识利用过程中与文献相互作用的行为模式发生了变化,图书馆作为单一文献服务机构的功能显然不能满足用户的需求,图书馆与用户之间建立的已有服务路径亟待扩展。基于上述分析,本书认为未来将形成一个包含用户、学术出版机构和图书馆为生态位的、技术与学术交流行为协同发展的学术生态系统(如图10-2所示),具体包括以下三个方面的特征。

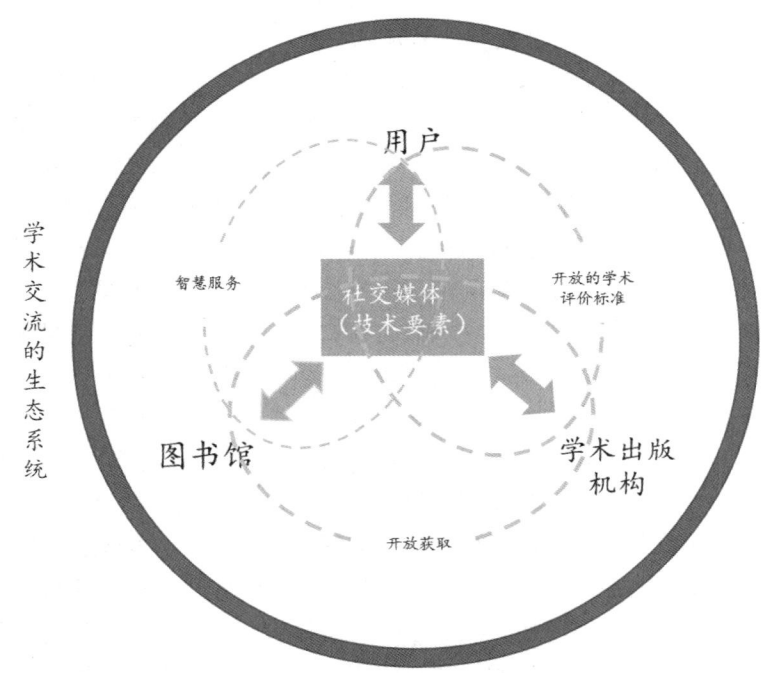

图 10-2 学术交流的生态系统框架
备注:图中虚线代表知识传递过程。

(1)重构的学术影响力评价体系

在传统学术交流体系中,科研用户依赖学术出版机构发表论文,其中一个重要原因是评价学术影响力的唯一标准是基于文献的书目统计,这种长期存在的评价方式一方面制约了用户学术交流的行为,另一方面其本身作为评价标准也存在缺乏客观性等诸多问题,甚至直接导致了社会上"唯论文"等现象的出现,阻碍了科学的发展。近年来依托社交媒体数据兴起的替代计量学,成为传统书目评价指标的有力补充。替代计量指标是指将科研用户在社交媒体上的学术表现纳入评价体系中作为社会影响力的一部分,它的应用将有效弥补现有以引文为评级指标的不足,使科学评价体现开放性和公平性,同时也将更好地引导学者的学术发表行为,改善科研人员与学术出版机构之间的被动、制约的关系。

(2)不断拓展的开放获取新领域

20世纪90年代末开放获取运动的提出受到了社会的极大关注,但是在运动开始的初期也受到来自出版商的抵制,被认为是在剥夺他们的利益,此外,开放获取期刊质量也受到质疑。但是,时代发展证明开放获取对促进学术交流发展意义重大,为推动学术交流发展的动力。开放获取试图打破学术交流系统原有的平衡,带来系统内各个要素的变革:为科研用户提供了更多发表的渠道,除了借助传统的出版渠道,用户可以直接充当出版者的角色,通过各种社交媒体平台发表论文;为科研用户提供更多样化、更便捷的论文获取渠道,用户直接通过搜索引擎就可以搜索到开放获取论文的全文;转变了出版者的思维,从集体抵触到开始探索如何转变盈利模式,即如何通过提供优质服务而不是占有论文版权获得收益;转变了图书馆服务的模式,从单纯的文献管理者逐渐变为知识服务者和智慧提供者。在未来,开放获取还将继续发挥作用,逐步实现数据开放、源代码开放、研究方法开放、同行评议开放、教育资源开放,最大限度促进知识和信息自由流动,进而从根本上改变学术交流的环境,改变学术交流行为的方方面面。

(3)重新定位的图书馆服务功能

图书馆在学术交流生态系统中需要对服务功能进行重新定位,从而牢固确立其与用户、学术出版机构之间的关系,从而为用户的知识生产、知识获取、知识查询、知识利用的行为提供良好的外部环境。未来图书馆应该从重视资源到重视服务能力,实现从资源能力到服务能力的转型；从资源建设到知识服务；面向科研用户开展嵌入式服务；从提供文献检索到提供情报支持；从文献服务转向智慧服务①。

10.4 小　　结

本章从学术交流的行为主体层面、学术交流的平台系统与服务层面、学术交流的环境层面提出了若干优化对策。其中，在行为主体层面从提升科研用户媒介素养的角度，提出公共图书馆，用户所在的机构，包括高校、科研院所和企业等都需要发挥功能支持用户提升媒介素养，促使用户能够享受信息技术带来的福利。在平台系统和服务层面，针对系统优化提出着力探索促进双向互动的系统设计，彰显"社交"的价值属性；针对平台服务优化提出开放面向科研流程的嵌入式服务，实现社交媒体平台为用户学术交流提供一站式服务。最后针对学术交流行为的外部环境，本章认为通过重构学术影响力评价体系、拓展开放获取的新领域以及创新图书馆服务功能，在未来构建一个技术与用户行为协同发展的学术交流生态系统。

---

① 初景利，赵艳. 图书馆从资源能力到服务能力的转型变革[J]. 图书情报工作，2019，63(1)：11-17.

第 11 章 结　　语

　　进入科学 2.0 时代以来，用户内容贡献和社交媒体技术的发展正缓慢变革着学术交流系统的各构成要素，也在驱动科研用户行为的改变。本书以用户学术交流行为的驱动力、行为过程以及满足度评估为研究主线，系统展现科研用户学术交流行为模式及特征。同时，学术交流行为也离不开学术交流系统内其他因素的影响，本书也着力分析和展现学术交流的参与主体：图书馆、学术出版机构角色和服务功能上的变化，以及在技术环境的作用下如何影响学术交流行为，推动构建一个各要素相互配合、高效运转的、技术与用户行为协同发展的学术交流生态系统。下文将结合本书各章的论述对第 1 章绪论中提出的五个问题进行简要总结和回答。

　　(1) 学术交流行为的过程和模式特征是什么？

　　本书通过第 2 章和第 3 章的理论研究，构建了一个用于解释学术交流行为过程和模式的理论框架，根据学术交流的特征、用户信息行为特征以及充分考虑现代信息通信技术影响的基础上，提出将学术交流行为划分为两类：一类是围绕知识生产和获取的学术交流行为；另一类是围绕科研合作关系构建的学术交流行为。在围绕知识生产和获取的学术交流行为中，用户的主要行为阶段包括知识生产、知识传播、知识搜寻和知识利用行为，在传统的非网络环境下各个行为阶段具有以下特征：行为的发生是依次单向线性进行的；知识的流动与转变受行为主体行为的驱动而不是相反的过程；知识生产者与接收者之间的界限清晰。社交媒体技术改变了学术交流行

第 11 章 结 语

为,使学术交流行为过程形成了一个有机的整体系统,具体表现在:首先,行为主体各个行为阶段不再互相割裂;其次,社交媒体的技术将用户变成自媒体,可以取代正式文献服务机构从事文献生产和传播的功能。社交媒体技术也带来了用户行为模式的改变,具体表现为:适应以"微知识"为基础的阅读模式;利用学术社交网站搜寻与获取知识;采用自存储平台辅助论文发表;获取来自公众的反馈与评价意见。在围绕科研合作关系构建的学术交流行为中,社交媒体技术发挥了重要的作用,在一般的科研合作过程中,用户主要的学术交流行为包括信息发布行为、信息传播行为、交互行为和信息利用行为,通过具体分析各个行为阶段及影响因素发现通过社交媒体平台为建立科研合作提供了更广泛的机会,有效提升了合作效率。本书在第 3 章的最后研究了一种科研合作的典型模式——科研众包,从科研众包平台参与者行为的角度,分析科研众包平台辅助科研工作者建立科研合作关系的路径和内在机理。

(2)科研用户的学术信息需求是什么?

本书在第 4 章中重点研究了在新技术环境下科研人员的学术信息需求及其特征。技术环境的变化使用户对学术交流产生了新的需求,这种需求不仅仅局限在信息内容的需求方面,也包括用户对平台系统的需求、平台服务的需求、情感需求、社交需求等,当然,在学术交流过程中用户对学术信息的需求是最主要的。针对上述思想,本书第 4 章中以人类需求理论和科研生命周期模型作为研究的理论基础,通过对 24 个科研工作者进行深度访谈,遵循扎根理论的分析方法以定性和定量相结合的技术解释了科研用户学术信息需求的构成维度,包括内容需求、系统需求、服务需求、情感需求和社交需求。后文针对行为模式的研究也紧密结合上述需求研究的结论,通过阐述学术交流行为过程中知识和信息的流动规律、平台辅助学术交流行为的功能以及用户满意度评估,系统展示用户学术交流行为模式特征。

(3)国内外主流的学术交流平台有哪些,有哪些主要的功能和服务特色?

各类社交媒体为辅助科研用户的学术交流行为提供了工具支

持。本书第 5 章选取当今国内外具有一定用户规模的、主流的社交媒体平台，根据用户学术交流行为的不同阶段，分别从其辅助知识生产、知识传播、知识搜寻、知识评价和利用以及辅助科研合作关系构建的功能出发，进行逐一的评价和分析。研究发现这些平台辅助学术交流的功能各有侧重，为科研用户的学术交流提供了具有特色的服务。但是，研究也发现这些平台在两个方面的服务功能上都有欠缺：其一是平台的社交功能没有充分体现出来，依然更多地停留在文献服务的层面，没有体现出"社交"的价值和特征。其二是网站提供的学术成果评价和分析功能十分有限。这些不足之处同样也制约社交媒体平台为科研服务的价值。

(4) 科研用户对学术交流平台的使用现状如何？

用户利用社交媒体开展学术交流活动的一个重要前提是用户对平台的服务满意且能够持续使用，放弃平台或者转移使用其他平台都会给用户的学术交流活动带来中断，伴随产生转移使用的机会成本。因此，围绕用户对平台的采纳使用、满意度评价、使用现状调查以及使用过程中存在的问题等需要进行系统的研究。本书用了四章篇幅，从第 6 章到第 9 章主要运用了实证研究的方法，结合理论分析论述了科研用户使用学术交流平台的相关问题。具体的，在第 6 章中对用户采纳学术社交媒体的影响因素进行了分析，以信息系统成功模型、刺激-机体-反应理论和沉浸理论为基础，构建了学术社交媒体使用意愿模型，通过选择一线科研人员群体作为研究样本，实证分析了影响学术社交媒体用户使用意愿的前置动因。移动图书馆是当代承担正式学术交流的主要载体。本书在第 7 章中以移动图书馆为例，研究了科研人员对移动图书馆的满意度评价，采用了一个纵断研究设计，对用户进行了长达三个月的持续追踪，以发现在真实的持续使用情境中影响科研用户对移动图书馆使用行为影响因素及其变化规律。通过对 271 个样本的调查和数据分析发现，在科研用户使用的不同阶段，信息质量、系统质量和服务质量对满意度的影响效应及对持续使用行为的间接影响效应是不同的，后文中也进一步针对如何充分发挥信息质量、系统质量和服务质量对满意度的贡献，进而成为持续吸引用户不间断使用的驱动力提出了思

第 11 章 结　语

考和若干建议。在第 8 章中以国外学术社交媒体 ResearchGate 的应用为例，选取了一个样本机构进行案例研究，通过对机构所属科研人员在 ResearchGate 平台上的文献上传行为进行具体分析，发现当前我国科研人员使用学术社交媒体的行为特征和规律。在第 9 章中对发现的一个具体问题"为什么学术社交不足"设计了实证研究，重点分析了影响用户使用学术社交媒体进行学术交流的前置动因，揭示用户学术社交不足的内在机理，为优化用户学术社交行为、改善学术社交媒体平台学术社交功能提供一定的借鉴与参考。

对于最后一个问题"未来学术交流行为如何演进与优化"的回答，难以用简单的语言来概括。从总体上看，科研用户利用社交媒体技术进行学术交流的过程体现出行为模式与技术发展缓慢适应的特征。学术界对社交媒体的利用存在保守的心态，这一方面与知识本身具有的严谨性有关，另一方面也受到自人类文明诞生以来的学术交流历史的深刻影响。本书撰写过程经历了整个 COVID-19 重大突发公共卫生事件，国内外环境发生了重大变化，作者亲历了环境变化对学者学术交流行为产生的直接影响：几乎所有的大型学术会议都由线下转移到线上，社交软件、视频会议软件从未被如此大规模、高强度的应用于学术领域，科研用户在获取、检索、利用知识过程中采纳社交媒体的进程被大大加快；全球以 arXiv 和 bioRxviv 为代表的在线预印本系统出现了"预印本洪流"现象，所接受的论文快速增长，有越来越多的学者选择利用预印本系统首发论文，再提交正式期刊进行同行评议；对有着传统出版发行历史的大型学术出版商，如 Elsevier 和 Springer 也在不断加快同行评议的评审周期，通过免费提供阅读等方式积极的服务用户，并探索如何建立独立于期刊的审稿意见共享机制以提升同行评审的效率。这些现象背后交织着新技术力量的推动、用户行为的变革以及学术交流系统环境中各参与主体的共同努力。未来，学术交流系统内部各要素将怎样变革和调整？科研用户的行为将如何适应变革？如何构建一个高效运转的学术交流生态系统？这些问题更值得在未来继续深入探究。

参 考 文 献

[1] 蔡晓明,尚玉昌. 普通生态学(下册)[M]. 北京:北京大学出版社,1995.

[2] 曹博林. 社交媒体:概念,发展历程,特征与未来——兼谈当下对社交媒体认识的模糊之处[J]. 湖南广播电视大学学报,2011(3):65-69.

[3] 曹霞,吴新年,马建玲. 科研用户标准信息需求及获取行为调查分析——以中国科学院为例[J]. 图书与情报,2010(4):112-117.

[4] 陈向明. 扎根理论的思路和方法[J]. 教育研究与实验,1999(4):58-63,73.

[5] 初景利,赵艳. 图书馆从资源能力到服务能力的转型变革[J]. 图书情报工作,2019,63(1):11-17.

[6] 丛挺. 基于知识链的全球学术出版服务模式创新研究[J]. 出版科学,2018,26(1):27-32.

[7] 崔慧仙. 网络时代的学术交流[D]. 上海:华东师范大学,2011.

[8] 党跃武. 信息交流及其基本模式初探[J]. 情报科学,2000(2):117-120.

[9] 邓胜利,向阳. 基于学术社交网络的文献阅读及学科关注点差异研究[J]. 图书情报工作,2017,61(6):99-106.

[10] 丁敬达,许鑫. 学术博客交流特征及启示——基于交流主体、

交流客体和交流方式的综合考察与实证分析[J].中国图书馆学报,2015(3):87-98.

[11]丁敬达,杨思洛,邱均平.论学术虚拟社区知识交流模式[J].情报理论与实践,2013,36(1):64-68.

[12]樊文强,王志博,韩颖颖.开放式科研模式分析及对高校科研运作的改变[J].现代远程教育研究,2016(3):59-68.

[13]方菲,叶冉玲,杨冀.社交媒体学术资源开发与利用状况分析[J].出版科学,2020,28(2):67-73.

[14]方卿.论网络环境下科学信息交流载体的整合[J].情报学报,2001(3):290-294.

[15]冯生尧,谢瑶妮.扎根理论:一种新颖的质化研究方法[J].现代教育论丛,2001(6):51-53.

[16]甘利人,岑咏华,李恒.基于三阶段过程的信息搜索影响因素分析[J].图书情报工作,2007,51(2):59-62.

[17]甘春梅,王伟军.学术博客持续使用意愿:交互性、沉浸感与满意感的影响[J].情报科学,2015(3):70-74.

[18]葛梦蕊,杨思洛.社交媒体在美国州立图书馆的应用及启示[J].图书馆,2016(1):74-80.

[19]韩丽,王敏,初景利.生态学视角下开放获取驱动的学术交流系统变革研究[J].中国科技期刊研究,2017,28(2):105-111.

[20]韩文,刘畅,雷秋雨.分析学术社交网络对科研活动的辅助作用——以 ResearchGate 和 Academia.edu 为例[J].情报理论与实践,2017,40(8):105-111.

[21]贺新乾,王颖纯,刘燕权."211"高校图书馆虚拟参考咨询服务调查研究[J].情报杂志,2017,36(9):192-196,145.

[22]胡蓉.学术社交网站用户分析方法的研究及应用[D].广州:华南师范大学,2015.

[23]胡永生,刘颖.基于用户调查的高校科学数据管理需求分析[J].图书情报工作,2013,57(6):28-32,78.

[24]黄翠芳.水利工程类科技期刊学术影响力分析——以总被引频

次、影响因子、Web即年下载率和总下载量为分析源[J]. 中国科技期刊研究, 2012, 23(6): 999-1004.

[25] 贾旭东, 谭新辉. 经典扎根理论及其精神对中国管理研究的现实价值[J]. 管理学报, 2010, 7(5): 656-665.

[26] 景娟娟. 国外沉浸体验研究述评[J]. 心理技术与应用, 2015(3): 54-58.

[27] 凯西·卡麦兹. 建构扎根理论[M]. 重庆: 重庆大学出版社, 2009.

[28] 赖胜强, 唐雪梅. 基于ELM理论的社会化媒体信息转发研究[J]. 情报科学, 2017, 35(9): 96-101.

[29] 李峰, 缪亚军. 个体科研合作行为研究述评[J]. 科技进步与对策, 2015, 32(23): 156-160.

[30] 李纲, 郑重. 网络计量学核心领域研究进展[J]. 情报理论与实践, 2008(2): 307-311.

[31] 李国红. 科学交流模式探讨[J]. 情报科学, 2002(12): 1322-1325.

[32] 李宏利, 雷雳. 沉醉感及其在现实世界以及虚拟空间的表现[J]. 心理研究, 2010, 03(3): 14-18.

[33] 李晶, 卢小莉, 李卓卓. 学术社区信息质量感知形成机理研究[J]. 图书馆学研究, 2017(1): 6-9.

[34] 李晶, 郭财强, 明均仁. 移动图书馆用户满意度影响因素的动态演变研究[J]. 图书馆建设, 2021(3): 113-121, 142.

[35] 李晶, 张帅, 王文韬. 科研社交网络中用户学术社交不足的前置动因探究——质性研究的视角[J]. 现代情报, 2019, 39(2): 121-127, 144.

[36] 李曼静. 学术虚拟社区用户持续使用意愿研究[D]. 武汉: 华中师范大学, 2015.

[37] 李晓方. 激励设计与知识共享——百度内容开放平台知识共享制度研究[J]. 科学学研究, 2015, 33(2): 272-278.

[38] 李晓妍, 吴鸣. 国内外学术社交网络的特征及案例分析[J]. 现代情报, 2020, 40(4): 71-81.

[39] 李宇佳. 学术新媒体信息服务模式与服务质量评价研究[D]. 长春：吉林大学，2017.

[40] 林佳瑜. 论文下载次数与阅读使用次数的调查分析[J]. 图书馆杂志，2012，31（3）：36-39.

[41] 林芹，郭东强. 优化SIS模型的社交网络舆情传播研究——基于用户心理特征[J]. 情报科学，2017，35（3）：53-56，75.

[42] 林忠. 学术博客与传统学术交流模式的差异探析[J]. 情报资料工作，2008（1）：41-44.

[43] 刘冠伊. 基于在线临场感的交互式视频论文学习模式研究[J]. 中国信息技术教育，2019（24）：181-184.

[44] 刘佳. 基于网络的学术信息交流方法与模式研究[D]. 长春：吉林大学，2007.

[45] 刘勍勍，左美云，刘满成. 基于期望确认理论的老年人互联网应用持续使用实证分析[J]. 管理评论，2012，24（5）：89-101.

[46] 刘铁铮. 共享经济视角下海尔HOPE开放式创新平台创新模式的研究[D]. 济南：山东大学，2019.

[47] 刘雯. 学者在线科研交流行为研究——以ResearchGate平台东北大学用户为例[J]. 图书馆刊，2019，41（3）：118-125.

[48] 刘晓娟，余梦霞，黄勇，等. 基于ResearchGate的学术交流行为实证研究——以北京师范大学为例[J]. 情报工程，2016，2（3）：26-36.

[49] 刘晓娟，刘新哲. 虚拟学术群组特征研究——以用户为分析视角[J]. 图书情报工作，2015（24）：83-92.

[50] 刘峥. 基于网络的学术传播模式研究[D]. 武汉：武汉大学，2004.

[51] 柳丽花，曹树金. 浅析网络学术信息的交流体系[J]. 情报理论与实践，2005（2）：148-151.

[52] 马费成，望俊成. 信息生命周期研究述评（Ⅰ）——价值视角[J]. 情报学报，2010，029（5）：939-947.

[53] 孟璀，吴培群，于发友. 论文学术影响力及其影响因素的实证

分析——以CNKI平台的教育内容分析论文为例[J].科研管理，2017，38（S1）：536-542.

[54]孟猛，朱庆华.移动社交媒体用户持续使用行为研究[J].现代情报，2018，38（1）：5-18.

[55]米哈依洛夫.科学交流与情报学[M].徐新民等译，北京：科学技术文献出版社，1980.

[56]牛艳霞，张耀坤，黄磊.基于UTAUT模型的学术社交网络使用行为影响因素研究[J].图书馆，2020（4）：91-97.

[57]庞建刚，刘志迎.科研众包参与主体及流程的特殊性[J].中国科技论坛，2015（12）：16-21，32.

[58]钱小荣.网络环境下大学生读者阅读方式的变化及图书馆的应对策略[J].现代情报，2010，30（9）：147-150.

[59]邱均平，温芳芳.作者合作程度与科研产出的相关性分析——基于"图书情报档案学"高产作者的计量分析[J].科技进步与对策，2011，28（5）：1-5.

[60]屈宝强.网络学术论坛中的科研合作行为及其反思——以"小木虫"学术论坛为例[J].科技管理研究，2010，30（10）：215-218.

[61]任俊，施静，马甜语.Flow研究概述[J].心理科学进展，2009，17（1）：210-217.

[62]任平平.ResearchGate实现学术社交网络国际化[J].国际人才交流，2020（5）：52-53.

[63]苏静，曾元祥.我国青年学者学术阅读与出版行为研究[J].出版科学，2017，25（2）：64-67.

[64]孙建军，顾东晓.动机视角下社交媒体网络用户链接行为的实证分析[J].图书情报工作，2014，58（4）：71-78.

[65]孙绍伟，甘春梅，宋常林.基于D&M的图书馆微信公众号持续使用意愿研究[J].图书馆论坛，2017，37（1）：101-108.

[66]孙思阳，张海涛，任亮，等.虚拟学术社区用户知识交流行为研究综述[J].情报科学，2019，037（1）：171-176.

[67]孙新波，张明超，林维新，等.科研类众包网站"InnoCentive"

协同激励机制单案例研究[J]. 管理评论, 2019, 31(5): 277-290.

[68] 孙玉伟. 数字环境下科学交流模型的分析与评述[J]. 大学图书馆学报, 2010, 28(1): 41-45.

[69] 仝晶晶. 学术社交网络利用行为比较研究——基于 iSchool 联盟成员的调查[J]. 情报科学, 2020, 38(3): 29-34.

[70] 万健, 张云, 茆意宏. 移动互联网用户阅读交流行为研究[J]. 图书情报工作, 2014, 58(17): 31-35, 71.

[71] 王建平, 叶锦涛. 无形学院发展史[J]. 济南大学学报(社会科学版), 2018, 28(4): 135-143.

[72] 王瑞, 李思豫, 袁勤俭. 学术社交网络用户特征对知识交流效果的影响——以南京大学 ResearchGate 用户为例[J]. 图书情报知识, 2020(4): 97-105, 132.

[73] 王少剑, 汪玥琦. 社会化媒体内容分享意愿的影响因素研究——以微博用户转发行为为例[J]. 西安电子科技大学学报(社会科学版), 2015, 25(1): 19-26.

[74] 王文韬, 谢阳群, 谢笑. 关于 D&M 信息系统成功模型演化和进展的研究[J]. 情报理论与实践, 2014, 37(6): 73-76, 58.

[75] 王云才. 国内外"开放存取"研究综述[J]. 图书情报知识, 2005(6): 40-45.

[76] 王战平, 何文瑾, 谭春辉. 基于质性分析的虚拟学术社区中科研人员合作动机演化研究[J]. 情报科学, 2020, 38(3): 17-22.

[77] 王战平, 刘雨齐, 谭春辉, 等. 虚拟学术社区科研合作建立阶段的影响因素[J]. 图书馆论坛, 2020, 40(2): 17-25.

[78] 魏颖, 李妃养. 基于象限划分新视角的我国科研众包平台特征分析及趋势判断[J]. 科技管理研究, 2018, 38(20): 215-221.

[79] 文军, 蒋逸民. 质性研究概论[M]. 北京: 北京大学出版社, 2010.

[80] 文珺珺. 关于"无形学院"[J]. 自然辩证法通讯, 1987(2):

33-41.

[81] 吴江，周露莎.在线医疗社区中知识共享网络及知识互动行为研究[J].情报科学，2017，35(3)：144-151.

[82] 吴跃伟，张吉，李印结，等.基于科研用户需求的学科化服务模式与保障机制[J].图书情报工作，2012，56(1)：23-26.

[83] 夏立新，翟姗姗，陈卓群.基于学术博客的图书馆学科知识服务研究[J].图书馆论坛，2011，31(6)：109-114.

[84] 肖皓文.基于社会认知理论的接包方参与众包的影响因素研究[D].北京：北方工业大学，2017.

[85] 肖文龙.SPSS 中文版+Smart PLS3（PLS-SEM）[M].台北：基峰出版社，2018：15-20.

[86] 邢变变，刘佳敏.使用与满足理论视域下档案微信公众号用户"点赞"行为动机调查研究[J].档案管理，2018(5)：74-77.

[87] 徐丽芳.UNISIST 模型及其数字化发展[J].图书情报工作，2008，52(10)：65-69.

[88] 徐丽芳.论科学交流及其研究的流变[J].情报科学，2008（10）：1461-1463，1481.

[89] 徐美凤，孔亚明.基于多主体建模的学术社区知识共享行为仿真分析[J].情报杂志，2013，32(4)：161-165，176.

[90] 徐美凤，叶继元.学术虚拟社区知识共享行为影响因素研究[J].情报理论与实践，2011，34(11)：72-77.

[91] 徐美凤，祝晓慧，安艳杰.图书馆学领域"网络一代"用户研究综述[J].图书情报工作，2016，60(12)：139-148.

[92] 薛调，刘云，刘彦庆.高校图书馆嵌入式教学实施的影响因素研究[J].图书情报工作，2013，57(15)：83-87.

[93] 亚伯拉罕·马斯洛，许金声.动机与人格[M].北京：中国人民出版社，2007.

[94] 严炜炜.科研合作中的信息需求结构与协同信息行为[J].情报科学，2016，34(12)：11-16.

[95] 尹敏捷，刘宏生，刘鹏祥.高校青年科研人员媒介素养研究——基于沈阳地区 10 所高校的实证调研[J].青年发展论

坛,2020,30(1):77-84.

[96] 鱼文英,李京勋.消费情感与服务质量、顾客满意和重复购买意愿关系的实证研究——以航空服务行业为例[J].经济与管理研究,2012(7):111-120.

[97] 袁顺波.科研人员对自存储的认知及参与行为研究综述[J].情报资料工作,2018(2):71-79.

[98] 张冰,张敏.数字阅读必然会导致浅阅读吗?——基于眼动追踪技术的数字阅读与纸质阅读对比实证分析[J].新闻传播,2013(1):52-53.

[99] 张静,黄永文.数字开放环境下用户信息资源利用模式研究[J].数字图书馆论坛,2014(5):20-25.

[100] 张立群.当代大学生阅读行为及对策分析[J].图书情报工作,2015,59(S2):105-107.

[101] 张帅,王文韬,李晶.用户在线知识付费行为影响因素研究[J].图书情报工作,2017(10):94-100.

[102] 张嵩,丁怡琼,郑大庆.社会化网络服务用户理想忠诚研究——基于沉浸理论和信任承诺理论[J].情报杂志,2013,32(8):197-203.

[103] 张铁山,肖皓文.众包中接包方参与影响因素研究综述[J].北方工业大学学报,2017,29(4):126-133.

[104] 张晓娟,周学春.社区治理策略、用户就绪和知识贡献研究:以百度百科虚拟社区为例[J].管理评论,2016,28(9):72-82.

[105] 张晓林.学术信息交流体系的重组与大学信息服务模式的再造[J].大学图书馆学报,2000(1):16-21.

[106] 张晓林.从数字图书馆到 E-Knowledge 机制[J].中国图书馆学报,2005(4):5-10.

[107] 张晓林.研究图书馆 2020:嵌入式协作化知识实验室?[J].中国图书馆学报,2012,38(1):11-20.

[108] 张晓林,党跃武,李桂华.网络化数字化基础上的新型学术信息交流体系及其影响[J].图书馆,2000(3):1-4,29.

[109] 张艳玲, 庄大生. 试论学术交流活动的功能与分类[J]. 情报探索, 1996(1): 12-13.

[110] 张耀坤, 胡方丹, 刘继云. 科研人员在线社交网络使用行为研究综述[J]. 图书情报工作, 2016, 60(3): 138-147.

[111] 张义民, 韩文, 霍萌. 基于谷歌趋势和百度指数的ResearchGate关注度及使用情况分析[J]. 情报科学, 2017, 35(7): 60-64.

[112] 赵付春, 邓少军. 社交媒体对科技创新网络的影响[J]. 中国科技论坛, 2015(2): 32-36, 78.

[113] 赵蓉英, 郭凤娇. Altmetrics: 学术影响力评价的新视角[J]. 情报科学, 2017, 35(1): 14-18.

[114] 赵杨, 李露琪. 国内外学术社交网站研究现状述评与思考[J]. 情报资料工作, 2016(6): 41-47.

[115] 赵英, 范娇颖. 大学生持续使用社交媒体的影响因素对比研究——以微信、微博和人人网为例[J]. 情报杂志, 2016, 35(1): 188-195.

[116] 赵宇翔, 刘周颖. 知识众包社区中用户参与意愿的实证研究: 基于虚拟社区归属感的视角[J]. 情报资料工作, 2018(3): 69-79.

[117] 褚叶祺, 蒋一平. 基于科研生命周期理论的高校图书馆学科服务机制探索[J]. 图书馆研究与工作, 2016, 149(5): 85-89.

[118] 邹儒楠, 于建荣. 数字时代非正式学术交流特点的社会网络分析——以小木虫生命科学论坛为例[J]. 情报科学, 2015(7): 81-86.

[119] 周庆山, 杨志维. 学术社交网络用户行为研究进展[J]. 图书情报工作, 2017, 61(16): 38-47.

[120] 朱依娜, 何光喜. 社交媒体对科学研究的影响机制初探——基于一项全国抽样调查数据的分析[J]. 科学与社会, 2019, 9(2): 46-66.

[121] Aboelmaged M G. Predicting the Success of Twitter in

Healthcare: A Synthesis of Perceived Quality, Usefulness and Flow Experience by Healthcare Professionals [J]. *Online Information Review*, 2018, 42(6): 898-922.

[122] Agrifoglio R, Black S, Metallo C, et al. Extrinsic versus intrinsic motivation in continued twitter usage [J]. *Journal of Computer Information Systems*, 2015, 53(1): 33-41.

[123] Albertson D. Comparing Twitter activity from different LIS conferences: Current observations and future research directions[J]. *Information Research: An International Electronic Journal*, 2019, 24(4): 1-24.

[124] Antelman K. Do Open-Access Articles Have a Greater Research Impact? [J]. *College & Research Libraries*, 2004, 65(5): 372-382.

[125] Baabdullah A M, Alalwan A A, Rana N P et al. Consumer Use of Mobile Banking(M-Banking) in Saudi Arabia: Towards An Integrated Model [J]. *International Journal of Information Management*, 2019, 44(2): 38-52.

[126] Barbour J B, Rintamaki L S, Ramsey J A, et al. Avoiding health information[J]. *Journal of Health Communication*, 2012, 17(2): 212-229.

[127] Bar-Ilan J, Fink N. Preference for electronic format of scientific journals—A case study of the Science Library users at the Hebrew University[J]. *Library & Information Science Research*, 2005, 27(3): 363-376.

[128] Baron R M, Kenny D A. The moderator-mediator variable distinction in social psychological research: conceptual, strategic, and statistical considerations. [J]. *Chapman and Hall*, 1986, 51(6): 1173-1182.

[129] Barga R S, Andrews S, Parastatidis S. A Virtual Research Environment (VRE) for Bioscience Researchers [C]// *International Conference on Advanced Engineering Computing &*

Applications in Sciences. IEEE Computer Society, 2007.

[130] Bazeley P. Qualitative data analysis with NVivo [M]. London: SAGE Publications, 2007: 82-83.

[131] Beaver D D. Reflections on Scientific Collaboration (and its study): Past, Present, and Future [J]. Scientometrics, 2001, 52(3): 365-377.

[132] Bem D J. Inducing belief in false confessions. [J]. Journal of Personality & Social Psychology, 1966, 3(6): 707-710.

[133] Bem D J. Self-Perception Theory 1 [J]. Advances in Experimental Social Psychology, 1972, 6: 1-62.

[134] Bex R T, Lundgren L, Crippen K J. Scientific Twitter: The flow of paleontological communication across a topic network [J]. PLoS ONE, 2019, 14(7): 1-12.

[135] Bhardwaj R K. Academic social networking sites [J]. Information and Learning Science, 2017, 41(6): 812-825.

[136] Bhattacherjee A. Understanding Information Systems Continuance: An Expectation-Confirmation Model [J]. MIS Quarterly, 2001, 25(3): 351-370.

[137] Björk B C. The open access movement at a crossroad: Are the big publishers and academic social media taking over? [J]. Learned Publishing, 2016, 29(2): 131-134.

[138] Borrego A. Institutional repositories versus ResearchGate: The depositing habits of Spanish researchers [J]. Learned Publishing, 2017, 30(3): 185-92.

[139] Bozeman B, Fay D, Slade C P. Research collaboration in universities and academic entrepreneurship: the-state-of-the-art [J]. Journal of Technology Transfer, 2013, 38(1): 1-67.

[140] Brown C. The changing face of scientific discourse: Analysis of genomic and proteomic database usage and acceptance [J]. Journal of the American Society for Information Science and Technology, 2003, 54(10): 926-938.

[141] Brown C. Communication in the sciences[J]. *Annual Review of Information Science and Technology*, 2010, 44(1): 285-316.

[142] Bullinger A C, Hallerstede S H, Renken U, et al. Towards Research Collaboration — a Taxonomy of Social Research Network Sites[C]//*Sustainable IT Collaboration Around the Globe. 16th Americas Conference on Information Systems*, 2010.

[143] Case D O, Higgins G M. How can we investigate citation behavior? A study of reasons for citing literature in communication[J]. *Journal of the American Society for Information Science*, 2000, 51(7): 635-645.

[144] Chakraborty N. Activities and reasons for using social networking sites by research scholars in NEHU: A study on Facebook and ResearchGate[J]. *Inflibnet Centre*, 2012, 5(3): 19-27.

[145] Chang Y P, Zhu D H. The role of perceived social capital and flow experience in building users' continuance intention to social networking sites in China[J]. *Computers in Human Behavior*, 2007, 28(3): 995-1001.

[146] Charmaz K C. Constructing Grounded Theory: A Practical Guide Through Qualitative Analysis[J]. *International Journal of Qualitative Studies on Health and Well-Being*, 2006, 1(3): 188-192.

[147] Cheng M, Yuen A H K. Student Continuance of Learning Management System Use: A Longitudinal Exploration[J]. *Computers& Education*, 2018(120): 241-253.

[148] Chen C H, Desarmo J, Ke H R. Exploring reasons for use or non-use of academic social network services among Taiwanese fishery scientists[J]. *Journal of library & information science research*, 2016, 11(1): 85-105.

[149] Chin W W, Marcolin B L, Newsted P R. A Partial Least Squares Latent Variable Modeling Approach for Measuring Interaction Effects: Results from a Monte Carlo Simulation Study

and an Electronic-Mail Emotion/Adoption Study[J]. *Information Systems Research*, 2003, 14(2): 189-217.

[150] Cohen J. Quantitative Methods in Psychology: A Power Primer[J]. *Psychol Bull*, 1992, 112(1): 1155-1159.

[151] Cokely E T, Galesic M, Schulz E, et al. Measuring Risk Literacy: The Berlin Numeracy Test[J]. *Judgment and decision making*, 2012, 7(1): 25-47.

[152] Collins K, Shiffman D, Rock J. How Are Scientists Using Social Media in the Workplace? [J]. *PloS ONE*, 2016, 11(10): e0162680.

[153] Corvello V, Genovese A, Verteramo S. Knowledge sharing among users of scientific social networking platforms [C] // *Frontiers in Artificial Intelligence & Applications*. 2014.

[154] Covi L M. Debunking the myth of the Nintendo generation: How doctoral students introduce new electronic communication practices into university research[J]. *Journal of the American Society for Information Science*, 2000, 51(14): 1284-1294.

[155] Csikszentmihalyi M. Flow: The Psychology of Optimal Experience[J]. *Design Issues*, 1991, 8(1): 80-81.

[156] Csikszentmihalyi M, Lefevre J. Optimal experience in work and leisure[J]. *Journal of Personality and Social Psychology*, 1989, 56(5): 815-822.

[157] Davis P M, Fromerth M J. Does the arXiv lead to higher citations and reduced publisher downloads for mathematics articles? [J]. *Scientometrics*, 2007, 71(2): 203-215.

[158] Delone W H, Mclean E R. Information Systems Success: The Quest for the Dependent Variable [J]. *Information Systems Research*, 1992, 3(1): 60-95.

[159] Delone W H, Mclean E R. The DeLone and McLean Model of Information Systems Success: A Ten-Year Update[J]. *Journal of Management Information Systems*, 2003, 19(4): 9-30.

[160] Delone W H, Mclean E R. The DeLone and McLean model of information systems success: A ten-year update[J]. *Journal of Management Information Systems*, 2014, 19(4): 9-30.

[161] Deng S, Fang Y, Liu Y, et al. Understanding the factors influencing user experience of social question and answer services [J]. *Information research an international electronic journal*, 2015, 20(n4): 18.

[162] Deng S, Dotson L. Redefining scholarly services in a research lifecycle[M]. *USA: Rowman & Littlefield Publishers*, 2015.

[163] Drennan J, Kennedy J, Pisarski A. Factors Affecting Student Attitudes Toward Flexible Online Learning In Management Education[J]. *The Journal of Educational Research*, 2005, 98 (6): 331-338.

[164] Dijkstra T K, Henseler J. Consistent Partial Least Squares Path Modeling[J]. *MIS Quarterly*, 2015, 39(2): 297-316.

[165] Eivazzadeh S, Berglund JS, Larsson T C, et al. Most Influential Qualities in Creating Satisfaction among the Users of Health Information Systems: Study in Seven European Union Countries[J]. *JMIR Medical Informatics*, 2018, 6(4): 11-25.

[166] Estelles-Arolas E, Gonzalez-Ladron-De-Guevara F. Towards an integrated crowdsourcing definition [J]. *Journal of Information Science*, 2012, 38(2): 189-200.

[167] Francis J J, Johnston M, Robertson C, et al. What is an adequate sample size? Operationalising data saturation for theory-based interview studies[J]. *Psychology and Health*, 2010, 25 (10): 1229-1245.

[168] Fornell C, Larcker D F. Structural Equation Models with Unobservable Variables and Measurement Errors[J]. *Journal of Marketing Research*, 1981, 18(1): 39-50.

[169] Gao L, Bai X. An empirical study on continuance intention of mobile social networking services [J]. *Asia Pacific Journal of*

Marketing & Logistics, 2014, 26(2): 168-189.

[170] Garvey W D, Griffith B C. Communication and information processing within scientific disciplines: Empirical findings for Psychology[J]. *Information Storage & Retrieval*, 1972, 8(3): 123-136.

[171] Gruzd A, Staves K, Wilk A. Connected scholars: Examining the role of social media in research practices of faculty using the UTAUT model[J]. *Computers in human behavior*, 2012, 28(6): 2340-2350.

[172] Gruzd A, Goertzen M. Wired academia: Why social science scholars are using social media[C]//2013 46th Hawaii International Conference on Sstem Sciences (HICSS). Washington, DC: IEEE, 2013: 3332-3341.

[173] Guest G, Bunce A, Johnson L. How many interviews are enough? An experiment with data saturation and variability[J]. *Field Methods*, 2006, 18(1): 59-82.

[174] Hida R M, Begeny J C, Oluokun H O, et al. Internationalization and geographically representative scholarship in journals devoted to behavior analysis: an assessment of 10 journals across 15 years[J]. *Scientometrics*, 2020, 122(1): 719-740.

[175] Hilgartner S. Biomolecular Databases New Communication Regimes for Biology? [J]. *Science Communication Linking Theory & Practice*, 1995, 17(2): 240-263.

[176] Ho C, Gebsombut N. Communication Factors Affecting Tourist Adoption of Social Network Sites[J]. *Sustainability*, 2019, 11(15): 1-13.

[177] Hoffmann C P, Lutz C, Meckel M. A relational altmetric? Network centrality on ResearchGate as an indicator of scientific impact[J]. *Journal of the Association for Information Science & Technology*, 2015, 67(4): 1-11.

[178] Howard J. Posting your latest article? You might have to take it down[J]. *Chronicle of Higher Education*, 2013, 6: 479-502.

[179] Hsu M-H, Chiu C-M. Internet self-efficacy and electronic service acceptance [J]. *Decision Support Systems*, 2004, 38 (3): 369-381.

[180] Huang C, Zha X, Yan Y, et al. Understanding the Social Structure of Academic Social Networking Sites: The Case of ResearchGate[J]. *Libri*, 2019, 69(3): 189-199.

[181] Hubbe M A. Why I Don't Do Academic Social Media…or Do I? [J]. *BioRes*, 2017, 12(2): 2252-2253.

[182] Hurd J M. The transformation of scientific communication: A model for 2020 [J]. *Journal of the American Society for Information Science*, 2000, 51(14): 1279-1283.

[183] Hussain K, Jing F, Junaid M, et al. The dynamic outcomes of service quality: a longitudinal investigation[J]. *Journal of Service Theory and Practice*, 2019, 29(4): 513-536.

[184] Hwang J, Park S, Woo M. Understanding user experiences of online travel review websites for hotel booking behaviours: an investigation of a dual motivation theory[J]. *Asia Pacific Journal of Tourism Research*, 2018, 23(4): 359-372.

[185] Ibili E, Resnyansky D, Bllinghurst M. Applying the Technology Acceptance Model to Understand Maths Teachers' Perceptions Towards an Augmented Reality Tutoring System[J]. *Education and Information Technologies*, 2019, 24(5): 1-23.

[186] Jamali H R, Nicholas D, Watkinson A, et al. How scholars implement trust in their reading, citing and publishing activities: Geographical differences [J]. *Library & Information Science Research*, 2014, 36(3-4): 192-202.

[187] Jamali H R, Nicholas D, Herman E, et al. National comparisons of early career researchers' scholarly communication attitudes and behaviours [J]. *Learned Publishing*, 2020, 33

(4): 1-15.

[188] Jamali H R. Copyright compliance and infringement in ResearchGate full-text journal articles[J]. entometrics, 2017, 112(1): 241-254.

[189] Jankowski N W. Exploring e-Science: An Introduction[J]. Journal of Computer-Mediated Communication, 2007, 12(2), 549-562.

[190] Jeng W, He D, Jiang J. User participation in an academic social networking service: a survey of open group users on Mendeley[J]. Journal of the Association for Information Science & Technology, 2015, 66(5): 890-904.

[191] Kaur P, Dhir A, Chen S, et al. Flow in context: Development and validation of the flow experience instrument for social networking[J]. Computers in Human Behavior, 2016, 59: 358-367.

[192] Kaur P, Dhir A, Rajala R. Assessing flow experience in social networking site based brand communities[J]. Computers in Human Behavior, 2016, 64: 217-225.

[193] Kim B, Han I. Role of trust belief and its antecedents in a community-driven knowledge environment[J]. Journal of the American Society for Information Science & Technology, 2009, 60(5): 1012-1026.

[194] Kim B, Yoo M, Yang W. Online Engagement Among Restaurant Customers: The Importance of Enhancing Flow for Social Media Users[J]. Journal of Hospitality & Tourism Research, 2020, 44(2): 252-277.

[195] Kuo Y F, Wu C M, Deng W J. The relationships among service quality, perceived value, customer satisfaction, and post-purchase intention in mobile value-added services[J]. Computers in Human Behavior, 2009, 25(4): 887-896.

[196] Kurata K, Matsu Ba Yashi M, Mine S, et al. Electronic journals

and their unbundled functions in scholarly communication: Views and utilization by scientific, technological and medical researchers in Japan[J]. *Information Processing & Management An International Journal*, 2007, 43(5): 1402-1415.

[197] Kwon N. How Work Positions Affect the Research Activity and Information Behaviour of Laboratory Scientists in the Research Lifecycle: Applying Activity Theory. [J]. Information research an international electronic journal, 2017, 22(1): 1-32.

[198] Laakso M, Polonioli A. Open access in ethics research: an analysis of open access availability and author self-archiving behaviour in light of journal copyright restrictions [J]. *entometrics*, 2018, 116(1): 291-317.

[199] Lambert S C. E-infrastructure, science data and CRIS[J]. *Data Science Journal*, 2010, 9: 53-58.

[200] Liang H, Saraf N, Hu Q, et al. Assimilation of enterprise systems: the effect of institutional pressures and the mediating role of top management[J]. *Mis Quarterly*, 2007, 31(1): 59-87.

[201] Libraries U. A Multi-Dimensional Framework for Academic Support: Final Report [D]. *America: University of Minnesota Minneapolis*, 2006.

[202] Lievrouw L A, Carley K. Changing patterns of communication among scientists in an era of "telescience" [J]. *Technology in Society*, 1990, 12(4): 457-477.

[203] Lim C P, Chai C S. An activity-theoretical approach to research of ICT integration in Singapore schools: Orienting activities and learner autonomy[J]. *Computers & Education*, 2004, 43(3): 215-236.

[204] Lin X, Featherman M, Sarker S. Understanding Factors Affecting Users' Social Networking Site Continuance: A Gender Difference Perspective[J]. *Information & Management*, 2017, 54(3), 383-395.

[205] Liu X, Bollen J, Nelson M L, et al. Co-authorship networks in the digital library research community[J]. *Information Processing & Management*, 2005, 41(6): 1462-1480.

[206] Ma M, Agarwal R. Through a glass darkly: Information technology design, identity verification, and knowledge contribution in online communities [J]. *Information systems research*, 2007, 18(1): 42-67.

[207] Manjunatha K, Thandavamoorthy K. A Study on Researchers' Attitude towards Depositing in Institutional Repositories of Universities in Karnataka (India)[J]. *International Journal of Library and Information Science*, 2011, 3(6): 107-114.

[208] Marjanovic U, Simeunovic N, Delic M, et al. Assessing the success of university social networking sites: engineering students' perspective [J]. *The International journal of engineering education*, 2018, 34(4): 1363-1375.

[209] Memon A R. ResearchGate and Impact Factor: A step further on predatory journals [J]. *Journal of the Pakistan Medical Association*, 2017, 67(1): 148-149.

[210] Moran M, Seaman J, Tinti-Kane H. Teaching, Learning, and Sharing: How Today's Higher Education Faculty Use Social Media[R]. *Babson Survey Research Group*, 2011.

[211] Mohammadi H. Investigating users' perspectives on e-learning: An integration of TAM and IS success model[J]. *Computers in Human Behavior*, 2015, 45: 359-374.

[212] Nelson R R, Todd P A. Antecedents of information and system quality: An empirical examination within the context of data warehousing[J]. *Journal of Management Information Systems*, 2005, 21(4): 199-236.

[213] Nonaka I, Umemoto K, Senoo U D. From information processing to knowledge creation: A Paradigm shift in business management [J]. *Technology in Society*, 1996, 18 (2):

203-218.

[214] Noorden R V. Online collaboration: Scientists and the social network[J]. *Nature*, 2014, 512(7513): 126-129.

[215] Novak T P, Hoffman D L, Yung Y F. Measuring the customer experience in online environments: A structural modeling approach[J]. *Marketing Science*, 2000, 19(1): 22-42.

[216] Oliver R L. A Cognitive Model of the Antecedents and Consequences of Satisfaction Decisions[J]. *Journal of Marketing Research*, 1980, 17(4): 460-469.

[217] Ortega J L. Disciplinary differences in the use of academic social networking sites[J]. *Online Information Review*, 2015, 39(4): 520-536.

[218] Palmer C L, Cragin M H, Hogan T P. Weak information work in scientific discovery[J]. Information Processing and Management, 2006, 43(3): 808-820.

[219] Pandit N R. The creation of theory: A recent application of the grounded theory method [J]. *Qualitative Report*, 1996(2): 1-15.

[220] Petty R E. Attitudes and persuasion: Classic and contemporary approaches[M]. *New York*: *Westview Press*, 2018.

[221] Pipino L L, Lee Y W, Wang R Y. Data Quality Assessment[J]. *Communications of the ACM*, 2002, 45(4): 211-218.

[222] Podsakoff P M, Mackenzie S B, Lee J Y, et al. Common method biases in behavioral research: a critical review of the literature and recommended remedies. [J]. Journal of applied psychology, 2003, 88(5): 879-903.

[223] Price D J, Beaver D D. Collaboration in an invisible college. [J]. The American psychologist, 1966, 21(11): 1011-1018.

[224] Rai A, Welker L R B. Assessing the Validity of IS Success Models: An Empirical Test and Theoretical Analysis [J].

Information Systems Research, 2002, 13(1): 50-69.

[225] Ramayah T, Hwa C J, Chuah F, et al. Partial Least Squares Structural Equation Modeling (PLS-SEM) using SmartPLS 3.0: An Updated and Practical Guide to Statistical Analysis [M]. Singapore: Pearson, 2018.

[226] Renard D. Online promotional games: Impact of flow experience on word-of-Mouth and personal information sharing [J]. *International Business Research*, 2013, 6(9): 93-100.

[227] ResearchGate. Recruiting [EB/OL]. https://solutions.researchgate.net/recruiting, 2018-03-18.

[228] Rettie R. An exploration of flow during Internet use [J]. *Internet Research*, 2001, 11(2): 218-250.

[229] Richter A, Koch M. Functions of social networking services [C]. Paper presented at the Proceeding 8TH International Conference on the Design of Cooperative Systems, 2008.

[230] Rizor S L, Holley R P. Open Access Goals Revisited: How Green and Gold Open Access Are Meeting (or Not) Their Original Goals [J]. *Journal of Scholarly Publishing*, 2014, 45(4): 321-335.

[231] Rowlands I, Nicholas D, Russell B, et al. Social media use in the research workflow [J]. *Learned Publishing*, 2011, 24(3): 183-195.

[232] Sababi M, Marashi S A, Pourmajidian M, et al. How accessibility influences citation counts: The case of citations to the full text articles available from ResearchGate [J]. *A Journal on Research Policy & Evaluation*, 2017, 5(1).

[233] Seddon P, Kiew M-Y. A Partial Test and Development of Delone and Mclean's Model of IS Success [J]. *Ajis Australasian Journal of Information Systems*, 1996, 4(1): 90-109.

[234] Shim M, Jo H S. What Quality Factors Matter in Enhancing the Perceived Benefits of Online Health Information Sites?:

Application of the Updated DeLone and McLean Information Systems Success Model [J]. *International Journal of Medical Informatics*, 2020, 137: 154-172.

[235] Skadberg Y X, Kimmel J R. Visitors' flow experience while browsing a Web site: Its measurement, contributing factors and consequences [J]. *Computers in Human Behavior*, 2004, 20(3): 403-422.

[236] Søndergaard T F, Andersen J, Hjørland B. Documents and the communication of scientific and scholarly information [J]. *Journal of Documentation*, 2003, 59(3): 278-320.

[237] Straub D, Boudreau M C, Gefen D. Validation guidelines for IS positivist research [J]. *The Communications of the Association for Information Systems*, 2004, 13(1): 380-427.

[238] Strauss A, Corbin J M. Basics of qualitative research: grounded theory procedures and techniques [J]. *Modern Language Journal*, 1990, 77(2): 129.

[239] Teng C-I. Managing gamer relationships to enhance online gamer loyalty: The perspectives of social capital theory and self-perception theory [J]. 2018, 79: 59-67.

[240] Tenopir C, Allard S, Douglass K, et al. Data Sharing by Scientists: Practices and Perceptions [J]. *Plos One*, 2011, 6(6): 1-21.

[241] Tenopir C, King D W, Boyce P, et al. Patterns of Journal Use by Scientists through Three Evolutionary Phases [J]. *D-Lib Magazine*, 2003, 9(5): 1-21.

[242] Tenopir C, King D W. Towards Electronic Journals: Realities for Scientists, Librarians, and Publishers [J]. *Serials Review*, 2001, 27(3-4): 141-142.

[243] Tenopir C, King D W, Boyce P, et al. Relying on electronic journals: Reading patterns of astronomers [J]. *Journal of the American Society for Information Science & Technology*, 2005, 56

(8): 786-802.

[244] Teo T, Srivastava S, Jiang L. Trust and electronic government success: An empirical study [J]. *Journal of Management Information Systems*, 2008, 25(3): 99-132.

[245] Thelwall M, Kousha K. ResearchGate: Disseminating, communicating, and measuring Scholarship? [J]. *Journal of the Association for Information Science and Technology*, 2015, 66(5): 876-889.

[246] Vaughan K, Hayes B E, Lerner R C, et al. Development of the research lifecycle model for library services. [J]. *Journal of the Medical Library Association Jmla*, 2013, 101(4): 310-314.

[247] Venkatesh V, Davis F D. A Theoretical Extension of the Technology Acceptance Model: Four Longitudinal Field Studies[J]. *Management Science*, 2000, 46(2): 186-204.

[248] Venkatesh V, Morris M G, Davis G B, et al. User acceptance of information technology: Toward a unified view. *MIS Quarterly*, 2003, 27(3), 425-478.

[249] Vitari C, Ravarini A. Validation of IS positivist research: an application and discussion of the Straub, Boudreau and Gefen's guidelines[C]. *4th Conference of the Italian Chapter of AIS: The Interdisciplinary Aspects of Information Systems Studies*, 2007: 106-112.

[250] Wang R Y, Strong D M. Beyond accuracy: what data quality means to data consumers[J]. *Journal of management information systems*, 1996, 12(4): 5-34.

[251] Watson S. Authors' attitudes to, and awareness and use of, a university institutional repository[J]. *Serials: The Journal for the Serials Community*, 2007, 20(3): 225-230.

[252] Woosnam K M, Draper J, Jiang J K, et al. Applying self-perception theory to explain residents' attitudes about tourism development through travel histories [J]. *Tourism management*,

2018, 64: 357-368.

[253] Wy A, Yin Z B, Tao H C, et al. How does scholarly use of academic social networking sites differ by academic discipline? A case study using ResearchGate[J]. *Information Processing & Management*, 2021, 58(1): 102430.

[254] Xuan Z L, Hui F. Which academic papers do researchers tend to feature on ResearchGate?[J]. *Information Research*, 2018, 23(1): 19.

[255] Yan Y, Davison R M, Mo C. Employee creativity formation: The roles of knowledge seeking, knowledge contributing and flow experience in Web 2.0 virtual communities[J]. *Computers in Human Behavior*, 2013, 29(5): 1923-1932.

[256] Yu Y, Jing F, Bang N, et al. As Time Goes By… Maintaining Longitudinal Satisfaction: A Perspective of Hedonic Adaptation[J]. *Journal of Services Marketing*, 2016, 30(1): 63-74.

[257] Zha X, Li J, Yan Y. Understanding Usage Transfer from Print Resources to Electronic Resources: A Survey of Users of Chinese University Libraries[J]. *Serials Review*, 2012, 38(2): 93-98.

[258] Zha X, Jing L, Yan Y. Understanding preprint sharing on Sciencepaper Online from the perspectives of motivation and trust[J]. *Information Development*, 2013, 29(1): 81-95.

[259] Zha X, Wang W, Yan Y, et al. Understanding information seeking in digital libraries: Antecedents and consequences[J]. *Aslib Journal of Information Management*, 2015, 67(6): 715-734.

[260] Zhang H, Lu Y B, Gupta S, et al. What motivates customers to participate in social commerce? The impact of technological environments and virtual customer experiences[J]. *Information & Management*, 2014, 51(8): 1017-1030.

[261] Zhao, Chris Y, Zhu, et al. Effects of extrinsic and intrinsic

motivation on participation in crowdsourcing contest A perspective of self-determination theory [J]. *Online information review*, 2014, 38(7): 896-917.

[262] Zhou T. Understanding continuance usage of mobile sites [J]. *Industrial Management & Data Systems*, 2013, 113 (9): 1286-1299.

[263] Zou L, Zhang J, Liu W. Perceived justice and creativity in crowdsourcing communities: Empirical evidence from China [J]. *Social Science Information*, 2015, 54(3): 253-279.